초등 부모라면 놓쳐서는 안 될

IB 국제 바칼로레아 초등교육

초등 부모라면 놓쳐서는 안 될
IB 국제 바칼로레아 교육

초 판 1쇄 2023년 01월 17일
초 판 4쇄 2024년 04월 29일

지은이 재키 윤
펴낸이 류종렬

펴낸곳 미다스북스
본부장 임종익
편집장 이다경
책임진행 김가영, 윤가희, 이예나, 안채원, 김요섭, 임인영, 임윤정

등록 2001년 3월 21일 제2001-000040호
주소 서울시 마포구 양화로 133 서교타워 711호
전화 02) 322-7802~3
팩스 02) 6007-1845
블로그 http://blog.naver.com/midasbooks
전자주소 midasbooks@hanmail.net
페이스북 https://www.facebook.com/midasbooks425
인스타그램 https://www.instagram/midasbooks

ISBN 979-11-6910-127-1 03590

값 15,000원

초등 부모라면 놓쳐서는 안 될

IB 국제 바칼로레아 초등교육

재키 윤 지음

미다스북스

미래 교육, 국제 바칼로레아(IB) 프로그램!

제주도에 처음 IB(International Baccalaureate, 국제 바칼로레아) 프로그램을 제공하는 국제학교가 개교하던 10년 전만 해도 사람들은 IB에 대한 관심이나 정보가 거의 없었습니다. 제주에 개교한 다른 국제 학교들도 교육 커리큘럼보다는 미국 국제학교, 영국 국제학교, 캐나다 국제학교 등 본교의 국가로 구분했습니다.

그러나 이제는 여러 국제학교의 프로그램 중 IB 프로그램이 교육계의 뜨거운 관심을 받고 있습니다. 국내 공교육에 영어가 아닌 한국어로 교육이 가능한 한국형 IB 프로그램을 시도하고 있습니다. 가까운 이웃 나라 일본은 2011년부터 21세기 인재를 육성하기 위한 교육 대안으로 국제 바칼로레아에 관심을 갖고 정부 차원에서 IB 학교 수를 적극적으로 늘리고 있습니다.

IB 국제 학교의 랭귀지 교사로 근무하며 10가지 IB 학습자상을 실천하고 변화하고 행동하는 초등학생들을 보았습니다. 왜 탐구가 필요한지, 알아야 할 것은 무엇인지, 탐구하기 위해 어떤 기술이 필요한지, 탐구의 결과 어떤 행동을 할 것인지 교사와 함께 토론하고 결정하는 어린 학생들을 보며 IB 교육의 매력에 빠졌습니다. 이 어린아이들이 지역사회 혹은 세계를 위한 행동을 계획하다니, 국내 초 · 중학교에서 근무한 경력이 있던 저자는 무엇이 이렇게 아이들을 긍정적으로 만드는지 궁금했습니다.

이 책은 IB 교육 프로그램 PYP(Primary Year Program) 초등 과정에 대해 알고자 하는 학부모님들을 위해 기획했습니다. 실제 교실에서 IB가 어떻게 실행되는지 알고 자녀의 학습을 지원하는 데 필요한 IB 어휘를 알기 쉽게 설명하고자 하였습니다. 또한 IB 교육자 및 학부모로서의 제 경험을 나누고자 하였습니다. IB로 대학을 간 학생과 학부모님의 의견도 첨부하였습니다. 탐구 중심, 개념 기반 학습, 교과서에 한정되지 않는 초학문적 테마 학습이 어떻게 자기주도적이고 성찰하는 아이를 만드는지 설명하였습니다. IB가 추구하는 교육철학이나 방향을 알고 자녀의 교육의 변화에 대비하는 데 도움이 되었으면 하는 바람입니다.

IB 프로그램의 공교육 도입이 사회적으로 논란이 지속되고 있지만 우리의 현재 공교육이 미래 인재를 양성하기 어렵다는 공통된 우려가 형성된 지금 교육 혁신의 대안으로 고민하고 시도하는 것은 충분히 가치가 있다고 생각합니다. 시도하지 않고는 알 수 없습니다. 세상은 빠르게 변하고 세상이 원하는 인재는 달라지고 있습니다. 4차 산업혁명으로 변화하는 시대를 살아가야 할 우리의 아이들에게 학교는 미래를 준비할 수 있는 교육을 제공하는 곳이어야 합니다. 그리고 함께 살아가야 하는 이유를 아는 세계 시민을 양성하는 곳이어야 합니다.

창의적이고 비판적인 사고를 갖고 탐구하며 문제를 해결하고 자신의 삶에 능동적으로 참여하는 학습자를 양성하는 교육이 IB 교육입니다. IB PYP 초등교육에 대한 학부모님들의 관심이 자녀가 행복한 평생학습자로 성장하는 데 큰 지원이 될 것이라 믿습니다.

2023년 1월, 재키 윤(윤이영)

목 차

프롤로그

미래 교육, 국제 바칼로레아(IB) 프로그램! 005

1장

왜 세계는 IB 교육에 주목하는가?

01 우리 공교육에 IB 학교가 본격적으로 논의되다 019

02 일본은 왜 IB를 공교육으로 제도화했는가? 027

03 명문 대학은 왜 IB 학생을 선호하는가? 035

04 더 이상 미룰 수 없는 변화 043

05 교과서 없는 교육 051

2장

초등 부모라면 알아야 할 초등 IB PYP

01 IB 교육은 무엇인가? 063
02 IB가 추구하는 인재 - 학습자상 070
03 교과서 없이 무엇을 어떻게 학습하나? 075
04 교과목과 개념을 연결하자 082
05 탐구 학습의 주인과 배움의 조력자 089
06 초학문적 탐구의 틀 - 연간 탐구 프로그램 096
07 IB 교육의 필수 - 배움에 접근하는 방법 104

3장

IB 교육이 바꾼 교실, 그 안에서 꿈을 꾸는 아이들

01 주입식 교육에서 탐구 교육으로 전환하라 117
02 학생들이 원하는 학습 환경과 교실을 스스로 설계한다면? 125
03 자기 효능감은 아이를 춤추게 한다 134
04 자기 삶에 능동적 참여자로 자라게 하라 142
05 성찰하는 아이로 자라게 하는 IB PYP 평가 151

4장

세계 인재 키우기, IB가 답이다

01 나는 우리 아이들이 행복한 어른이 되면 좋겠다 163
02 유튜버가 되고자 하는 아이가 성공하는 이유 - IB 학습자상 171
03 IB 교육을 맡을 교사의 자질 179
04 IB 교육공동체에게 바란다 187

5장

IB 교육 현장의 실제 경험을 나누다

01 제주 시골뜨기에서 국제학교 우등생이 된 학생 201
02 IB 국제 교육이 변화시킨 위기의 학생 207
03 공교육에서 IB DP로 전환하여 미국 대학에 진학한 학생 216
04 IB 국제학교 교사가 말하는 IB 교육 222
05 한국 학생을 사랑하는 IB 전문가이자 국제학교 교장이 말하는 IB 230
06 계약직 교사에서 국제학교 IB 전문교사로 239

부록

IB PYP 초등 과정을 제공하는 학교 목록 248
IB PYP 참고 자료 및 사이트 249

참고 문헌 253

esc
fn

@ 2 €
# 3
$ 4
% 5
^ 6
& 7
* 8
(9
) 0
Q W E R T Y U I O P
A S D F G H J K L
Z X C V B N M
alt
cmd ⌘
⌘ cmd
alt

1장

왜 세계는 IB 교육에 주목하는가?

01

우리 공교육에 IB 학교가 본격적으로 논의되다

"IB 교육은 학비 비싼 국제학교 학생들이 배우는 사립 교육 아닌가요? 어떻게 외국 교육 프로그램이 공교육에 도입될 수 있나요?"

처음 IB 교육 공교육화 추진에 대해 알게 된 학부모와 교사들이 기본으로 묻는 질문이다. 생소한 국제학교의 교육 프로그램이 우리나라의 공교육에 도입된다는 소식에 교육계 및 학부모들의 논란이 일었다. 일부 사립학교 혹은 국제학교 학생들이 영어로 공부하는 프로그램을 그것도 공교육에서 한국어로 가르친다니. 많은 부모님들이 학부모로서 현 교육계의 동향을 보며 우려를 하는 것은 당연해 보였다.

IB 교육의 열풍은 일부 교육청에서 IB 교육과정을 공교육에 도입하며 시작됐다. 제주 교육감과 대구 교육감은 2019년 4월 IB 본부와 함께 IB 한국어화 추진을 확정했다. IB와 MOC를 체결하고 2021년에는 제주 표선고가 최초 공립 IB 월드스쿨로 최종 승인을 받았다. 2022년 3월부터 IB DP(고등과정) 수업을 정식으로 시작하게 되었다. 표선고는 제주지역 첫 IB 학교이자 우리나라에서 IB 고등학교 과정을 제공하는 17번째 학교가 됐다. 17개 고등과정 학교 중 공립학교는 4개로 경북대학교 부설 고등학교, 포산고등학교, 대구 외국어고등학교가 포함된다.

두 교육청들은 공교육에 IB 초 · 중 · 고 프로그램을 점차적으로 모두 도입하겠다는 계획을 가지고 있다. 당장 전면 도입을 추진하는 것은 아니고 일부 학교에서 시범적으로 도입, 실시하게 된다. 특히 대구지역 공교육 IB 도입 의지가 확고하다. 대구시 교육청 홈페이지에 있는 월드스쿨 현황 자료를 보면 초등학교 7개교, 중학교 4개교, 고등학교 3개고 총 14개 학교에서 IB 교육과정을 시행하고 있다. 그 외 관심학교 5개교와 후보학교 13개교 그리고 2023년 별도로 운영되는 IB 기초학교 60개교까지

합하면 그 수는 엄청나다.

2022년 12월 이주호 교육부 장관은 대구 경북대학교 사범대학 부설 중학교를 방문하여 수업 참관을 하고 IB가 암기 · 시험 중심 교육을 탈피할 수 있는 좋은 대안이라고 하였다. 교육부 차원의 'IB 한국화 가능성'을 검토하겠다고 했다. IB를 한국형으로 발전시켜 전국 일반고에 도입하는 것이다. 부산 교육청 또한 'IB 교육' 로드맵을 마련하고 내년부터 본격 도입하겠다고 나섰다.

IB 교육 공교육화는 무엇을 의미하는가?

IBO는 민간 비영리 교육재단이며 아시아 태평양 본부는 싱가포르에 있다. IB는 INTERNATIONAL BACCALAUREATE, 국제 바칼로레아의 준말로 1968년 스위스 제네바 본부에서 개발된 교육 프로그램이다.

IB 교육 프로그램은 유엔과 같은 국제기구의 주재원이나 외교관 및 외국에 거주하는 상사 자녀가 전 세계 어디에서든 동일한 양질의 교육을 제공받도록 하기 위해 고안되었다. 부모를 따라 여러 나라로 이주해야 하는 아이들은 나라마다 다른 교육과정을 선택해야 하고 어느 국가에서든 인정받는 교육을 받기 어려웠기 때문이다. IB 교육은 초등과정 PYP(Primary Year Program), 중등과정 MYP(Middle Year Program), 고등과정 DP(Diploma Program)와 직업교육 과정 CP(Career-related Program)로 나뉜다.

IB 교육 프로그램은 공식적으로 영어, 불어, 스페인어로 운영된다. 2022년 12월 기준 전 세계적으로 7,500개 이상의 프로그램이 제공되고 있으며, 159개국 5,651개 이상의 학교에서 IB 교육을 제공하고 있다.

『IB를 말한다』에서 이혜정 교수는 한국형 IB 도입 과정을 자세히 설명하고 있다. 초 · 중학교는 대외 시험이 없으므로 한국의 공교육과 연계하여 도입하는 것이 어렵지 않아 보이지만, 대학 입시와 직접적으로 관련이 있는 DP 프로그램은 국가 교육과정과 세밀한 연계가 중요하다고 말한다.

IB 교육 프로그램 중 초 · 중학교는 인증이 없이 교육 실시가 가능하다. 즉 IB 본부에 후보 학교로 신청하고 승인을 받은 후 후보 학교가 되면 프로그램을 운영할 수 있다. 현재 월드 스쿨이 아닌 후보 학교의 경우 전체 학생이 모두 IB 프로그램으로 학습하지 않을 수도 있다. 그렇다면 한 학교에서 IB 교육 프로그램으로 학습하는 학생과 일반 공교육과정으로 학습하는 학생으로 나뉘게 된다는 의미이다. IB 프로그램으로 가르치는 교사들 또한 IB 공식 연수인 '카테고리 1 연수'에 참여하게 된다. 한국어로 진행하는 연수를 선택할 수 있으며 연수는 한국어와 영어가 자유로운 IB 공식 트레이너들에 의해 주도된다.

후보 학교에서 인증이 완료되면 학교 전체가 IB 교육을 실시해야 한다. 공립 IB 월드 스쿨인 표선고의 경우 관심학교, 후보학교 단계를 거쳐 월드스쿨까지 6년이라는 여정을 지나왔다. 표선고의 IB 월드스쿨 인증은 IB 월드스쿨 승인을 준비하는 다른 IB 후보학교에도 긍정적인 영향을 주고 있다.

대학 입시에 도입된다는 IB 교육에 대해 모르는 부모들은 불안한 마음이 앞설 것이다. 이미 IB DP 결과로 국내대학 입학이 가능하다는 것을 모르는 부모도 많다. IB 도입이 또 다른 차별을 낳는 게 아니냐는 우려도 당연하다. 학교에 따라 다른 교육 프로그램이 운영된다면 우리 아이가 어떤 교육과정을 선택하도록 할 것인지 고민해야 할지 모른다.

IB 한국어화는 바로 대입 시험을 한국어로 치를 수 있다는 말로 바꾸어 말할 수 있다. 내신 시험 또한 한국어로 보게 된다. IB 한국어 도입의 의미는 현재 국제학교에서 학습하는 학습 자료의 한국어 번역을 의미하지 않는다. IB 교육은 놀랍게도 정해진 교과서가 없으나 현재 한국 공교육에 사용되는 교과서는 학습에 필요한 자료 중 하나로 사용될 수 있다. 전적으로 교과서에 의존한 공교육과 밀접하게 작용하는 학원의 선행 교수 방향 또한 IB 교육 도입에 따라 변화가 요구될 것이다.

부모로서 교육계의 변화 추세를 따라가려면 이제 IB 교육에 대해 알아야 한다. 그러나 IB 교육 프로그램에 대한 정보는 그리 많지 않고 영어로 대부분 되어 있어 이해하기 어렵다. 특히 초등학생을 자녀로 둔 부모라면 이 변화가 내 아이가 대학을 갈 때 어떠한 영향을 줄지 매우 우려될 것이다. 자녀의 교육에 민감한 한국의 학부모라면 IB 교육 프로그램에 대해 이제라도 관심을 갖기 시작해야 한다.

IB가 공교육에 도입되면 어떤 변화가 생기나?

위에 언급한 바와 같이 학교 전체에서 IB 프로그램을 운영하는 월드 스쿨의 경우 전 학교 학생들이 IB 교육 프로그램으로 학습하게 된다. 반면 후보 학교의 경우, 한 학년 혹은 한 반 학생들은 IB 프로그램으로, 그 외 학생은 국가 교육과정으로 학습하게 된다. 같은 공립학교를 다니더라도 IB 교육과정으로 학습하는 학생의 경우 다른 과제를 하고 다른 시험으로 평가를 받게 된다. 그렇게 IB 교육과정으로 학습을 하고도 국내 대학에 전혀 문제없이 입학하는 학생들이 생기게 된다.

공교육 교사들이 IB 한국어판 시험 채점관이 되고 IB 교육 전문가로 거듭나게 된다. IB 경험이 있는 공교육 교사들이 IB 워크숍 공식 리더로 선발되고 한국어로 IB 워크숍을 주도할 수 있다. IB를 처음 접하는 교사들도 영어의 부담감을 없애고 새로운 교육 프로그램 연수에 참여할 수 있다. 이러한 IB 교육 연수를 통해 IB 교육에 필요한 프레임 워크를 갖출 수 있다. 교사는 IB 교육과정에 따른 교수 학습 계획 및 평가에 주도권을 갖게 된다. 제주 교육청 이문석 교육감은 표선고의 IB 월드스쿨 승인의 의미가 곧 공교육 혁신의 모형이 될 것이라 말했다. 표선고 공교육 교사들이 IB 전문 교사가 되어 공교육의 변화를 주도하게 될 것이다.

학부모에게는 어떠한 변화가 생길까? 교육을 학교와 학원의 일로 전적으로 일임하는 것에서 자녀의 교육에 적극적으로 관심을 갖게 된다. 학교에서 제공하는 규칙적인 IB 교내 연수를 통해 IB 교육 서포터로 훈련받고 자녀 교육에 중요한 역할을 담당한다. 학사 결정에 의견을 내고, 아이디어를 나누며 자녀의 학교생활에 적극적으로 참여함으로 풍요로운 교육공동체를 만드는 데 일조할 수 있다. 가정과 학교는 학생들의 학습 및 성장을 함께 도모하고 학생들이 주체적으로 사고하고 행동하는 데 필요한 기반을 함께 제공한다.

IB 교육 프로그램은 한국 공교육에 빠르게 도입되고 있고 더 나아가 한국형 IB 논의가 시작되었다. 우리나라 공교육 교육 개혁의 필요성에 대해서는 모두 한목소리를 내면서도 IB 교육의 도입에 대해서는 많은 우려를 나타낸다. 귀족 교육의 공교육화라는 비판에서 시작해, IB 프로그램 운영의 효과 및 대학 입시의 공정성 등 새로운 시도에 대한 비판과 지적이 만연하다.

이웃 나라 일본도 공교육에 IB를 도입하였다. 그들도 우리가 현재 겪고 있는 논란과 우려를 거쳐 공교육으로 정착시켰다. IB 교육 한국어화는 우리 교육에 커다란 혁신을 불러일으킬 불씨가 될 것이다. 공교육에 IB가 도입된다면 부모로서 자녀를 어떻게 지원해야 하는지 고민해야 한다.

우리나라의 공교육이 21세기 인재를 만들어내는 교육을 제공하지 못하고 있다고 인정한다면 전 세계에서 주목하는 교육 프로그램의 도입을 막지만 말고, 열린 마음(open- minded)을 가졌으면 한다.

02

일본은 왜 IB를 공교육으로 제도화했는가?

일본은 2013년부터 IB 공교육화를 추진했다. 2017년 국무회의에서 2020년까지 공교육에 IB 인정 학교 200개 도입을 목표로 교육 혁신을 추진했다. IB 시범 운영 학교를 만들고 그 학교가 주변의 학교들에게 영향을 주도록 했다. 대학 입시제도 또한 IB 디플로마를 통해 입학이 가능한 제도를 추진했다. 일본은 4차 산업 혁명에 맞춰 나라의 발전을 주도할 인재를 위한 교육혁명을 IB로 시도하고 있다.

1868년 메이지 유신으로부터 시작된 일본의 근대화는 일본의 교육에도 많은 영향을 끼쳤다. 미국의 교육 제도를 일찌감치 받아들였고 새로운 시대를 짊어질 인재 육성을 위한 교육에 집중했다. 새로운 학제를 반포하고 전국에 공교육이 생기게 되었다. 아동 교육이 무료화 되고 진학률도 매우 높았다. 전 세계적 근대화 물결을 받아들인 일본은 아시아에서 가장 먼저 선진국의 대열에 올랐다.

메이지 유신의 핵심은 바로 교육 혁명이었다. 교육 혁명으로 강대국이 되었다. 국가주의를 바탕으로 막부를 타도하고 성립된 메이지 정부는 서양 열강의 침략에 대하여 국가가 독립할 수 있도록 힘을 기르기 위해 신분제도를 없앴다. 교육은 '국민'을 키우기 위한 수단이었다.

그런 일본이 신메이지 유신을 위해 교육 혁명 카드를 다시 꺼냈다. 그것이 바로 'IB' 도입이었다. 19세기에 일본을 굴복시킨 미국 페리 제독의 흑선이 메이지 유신의 시작을 알렸다면 신메이지 유신의 흑선은 IB 라고 일본 교육재생실행회의 위원은 말하고 있다. 기존의 교육이 4차 산업에 걸맞은 인재를 양성하는 데 실패했다는 인식이 팽배하면서 2013년 아베 내각은 '교육재생실행회의'를 설립했다. 그 후 2013년 5월에 문부과학성 및 IB 본부 간 '일본어와 영어 이중 언어 디플로마 프로그램 개발'에 합의한다. 1979년 이미 일본 정부가 공식 인정한 영어판 IB가 있었으나 이제는 영어판이 아니라 일본어판으로 IB 시험을 치르고 대학에 갈 수 있도록 허용했다.

일본이 IB를 교육 혁명 히든카드로 꺼낸 것은 여러 의미로 생각해볼 수 있다.

첫째, 기존의 주입식 · 획일식 교육은 더 이상 미래 인재를 만들 수 없다는 것을 인정하고 최선의 교육개혁 방법이 IB라고 인정한 것이다. 우리나라의 수능에 해당하는 '센터 시험'을 2020년 폐지하겠다고 선언했다. 교육의 틀을 완전히 바꾸겠다는 의지를 가지고 국가 전체 전략적 차원으로 접근하고 있다.

둘째, 교육 혁명으로 4차 산업혁명을 대비하는 인재를 키우는 데 적합한 교육으로 IB를 선택했다는 의미다. 대구광역시 강은희 교육감은 『왜 지금 국제바칼로레아인가?』라는 에리구치 칸도의 저서 추천사에서 일본과 우리나라가 교육 측면에서 많은 공통점이 있다고 말했다. 대학 입시 대비를 위한 지식 위주의 주입식 교육, 일류 대학 진학을 위한 소모적 경쟁 등의 문제점을 지적했다. 이러한 주입식 · 획일적 교육으로 4차 산업

혁명에 필요한 경쟁력을 갖춘 미래 인재를 기를 수 없다는 뼈저린 성찰이 IB 교육 핵심 노하우를 전체 학교로 확산시키겠다는 목표를 갖게 했다.

셋째, 우리나라도 교육 개혁을 위해 IB 도입을 진지하게 검토해야 한다는 의미이다. 일본의 교육 제도와 비슷한 점이 많은 우리나라의 교육은 현재 어느 방향으로 가고 있는가 깊게 살펴봐야 한다. 우리나라는 일본이 세계 문물을 받아들일 때 쇄국 정책을 폈다. 일본이 새로운 혁신을 일으키던 1800년대 우리나라에서는 흥선 대원군이 통상수교 거부 정책을 펼치며 "서양 오랑캐가 침범함에 싸우지 않음은 곧 화의하는 것이요, 화의를 주장하는 것은 나라를 파는 것이다."라는 내용의 척화비를 전국에 세웠다.

메이지 유신으로 강대국이 된 일본이 2차 세계대전을 일으켜 우리나라를 지배하면서 우리도 근대화된 교육의 체계를 갖게 되었다. 우리나라 근대식 학교는 1883년 원산에 세워진 원산학교다. 원산이 개항되어 일본 사람들이 모여 사는 곳이 생기게 되었다. 우리도 신지식을 공부해야 외국 세력들을 막아낼 수 있다는 뜻이 모아지고 민간인들이 스스로 성금을 모아 학교를 세운 것이다. 이는 정부가 개화정책을 실시하기도 전에 생긴 학교이다. 이렇듯 우리 국민은 교육에 대한 관심이 매우 컸으며 국가의 힘은 교육을 통해 생긴다고 믿었다.

일본과 우리나라는 교육적 측면에서 많은 공통점을 갖고 있다. 두 국가 모두 OECD 국가 중 학생들의 평균 학업 역량이 상위권이다. 그러나 대학입시 대비를 위한 지식 위주의 주입식 교육을 지향하는 단점을 갖고 있다.

에리구치 칸도는 『왜 지금 국제 바칼로레아(IB)인가』에서 그의 청춘을 도쿄대학 수험에 바쳤다고 했다. 한국 드라마 〈SKY캐슬〉을 보면서 자신의 인생과 겹치는 부분이 많았다고 했다. 다른 사람이 깔아놓은 길을 따라 의심 없이 달려온 청춘이었던 그는 IB 교육을 접하고 이 프로그램이 미래 세대에게 새로운 가치관을 심어줄 것이라 확신했다. 남이 하는 대로 따라 하는 교육이 아닌, 내재적 동기를 통한 탐구 교육으로의 변혁의 필요성을 절실히 느꼈다.

우리나라의 IB 공교육 도입 시도는 새로운 시대를 이끌어나갈 젊은 세대에게 미래를 대비할 수 있는 진정한(Authentic) 교육을 제공하고자 하는 시도이다. 메이지 유신을 통해 강대국이 되었던 일본이 다시 교육 개혁에 나서고 있다. 우리도 현재 우리나라의 교육 현장을 돌아보아야 한다. 교육 개혁의 필요성을 인정하면서도 '척화비'를 만들고 쇄국 교육의 길을 걷는다면 과연 미래를 짊어질 아이들에게 진정으로 필요한 교육은 언제 이루어질 것인가?

우치다 타츠루는 "교육을 개혁한다는 것은 고장난 자동차를 운전하고 있는 상태에서 수리하는 일종의 고난도 곡예에 비유할 수 있는 어려운 일이다."라고 말했다. 교육 개혁을 한다고 학교 문을 닫고 다시 시작할 수 없다. 즉 현 교육 시스템의 신뢰를 유지하면서, 동시에 개혁할 점을 냉정하게 점검하는 것이 바로 교육 개혁이라고 말한다. 일본은 운전을 멈추지 않고 수리하는 것과 같은 교육 개혁의 중심에 IB를 두었다.

저자는 2021년 겨울 IB 워크숍 리더 트레이닝에 참여했다. 전 세계에서 선발된 교사들이 조별로 모여 6주간의 강한 훈련을 받고 IB 워크숍을 주도한다. 인상 깊었던 것은 꽤 많은 한국 교사들과 일본 교사들이 트레이닝에 참여했다는 점이다. IB 공교육을 주도하는 두 나라의 교사들이 모여 함께 탐구하고 발표를 하는 모습이 꽤 인상적이었다.

워크숍 리더 트레이닝은 7-8명의 교사들이 한 팀으로 구성되고 IB 전문가가 배치된다. 매시간 주어진 과제를 탐구하고 발표하며 서로 평가를 한다. IB 전문가는 매주 교사들에게 피드백을 준다. DP 코디네이터,

PYP 코디네이터, CAS 코디네이터, Early year(영유아) 헤드 교사, 랭귀지 교사 등 각 학교에서 다양한 역할을 맡은 교사들이 모여 함께 트레이닝에 참여했다. 그들은 IB 전문가로 거듭나기 위한 훈련을 함께 하며 IB 공교육을 책임질 리더가 되었다.

모국어가 영어가 아닌 교사들은 영어로 진행하는 이 트레이닝이 결코 쉽지 않았다. 그러나 훈련이 끝나고 각자의 나라, 학교로 돌아가 교육 개혁의 작은 불씨들이 되었을 것이라 확신한다. IB 공교육을 먼저 시도하는 일본의 사례를 연구하고 우리나라식 IB 공교육 도입을 위해 오늘도 많은 사람들이 연구하고 실천하고 있다. 교사들이 바뀌면 학생이 바뀐다. 많은 업무에 시달리면서도 IB 교육에 관심을 갖고 실천하는 교사들이 있기에 한국형 IB 추진이 가능하리라 확신한다.

일본이 IB 공교육을 실시하고 있다는 소식은 IB 교육자인 저자에게도 큰 충격이었다. 영어가 아닌 자국어로 공교육을 제공하고 IB로 대학입시가 가능하도록 제도화하고 있다는 소식을 들으며 우리나라 교육에 도입하는 것이 가능할 수도 있겠다는 희망이 보였다. 우리나라와 유사하게 보수적일 것 같은 일본 공교육의 변화 소식은 우리나라 교육계에도 많은 논란을 일으키기에 충분했으리라 생각한다. 일본은 대학 입시 중심의 교육에서 21세기 인재 양성을 목표로 하는 교육으로의 변화를 추구하기 위해 IB를 도입했다고 한다. 신 메이지 유신을 시도하고 있고 그 중심에는 교육 개혁이 있다. 우리나라 공교육의 올바른 변화를 주도할 한국형 IB 도입은 이제 필수불가결한 일이 되고 있다.

03

명문 대학은 왜 IB 학생을 선호하는가?

국제학교 커리큘럼은 크게 미국식, 영국식 그리고 IB식 커리큘럼으로 나눌 수 있다. 세 커리큘럼이 분명하게 차이를 보이는 때는 대학 입시 준비 과정이다.

미국의 대입 시험에는 SAT(Scholastic Aptitude Test), ACT(American College Test), AP(Advanced placement)가 있다. SAT와 ACT는 여러 번 시험을 봐서 잘 나온 점수를 택할 수 있고 둘 중 하나의 점수만 제출하면 된다. AP는 대학 과정 선이수 인증 시험이다. AP에서 일정 점수 이상을 받게 되면 대학에 입학 시 학점으로 인정해주기도 한다.

영국의 대입 시험은 A-level로 3~4과목을 선택하여 집중하여 학습한다. 다른 나라의 대학 입학 프로그램에서 많은 개수의 과목을 공부하는 것과 비교해보면 과목 수가 적은 것이 상대적으로 장점인 과정이라고도 볼 수 있다. 또한 잘하고 좋아하는 과목을 깊이 있게 공부하고 시험을 잘 보면 좋은 대학 입시 성적을 낼 수 있는 프로그램이다. 일반적으로 2년 동안 진행되며, 2번의 시험을 통해 결과가 나오는데 AS(2년 과정 중 첫 번째 연도)와 A2(2년 과정 중 두 번째 연도)가 그것이다. A-level 과정은 최종 시험 점수로 결과가 결정되며 A*, A, B, C, D, E, U의 성적이 주어진다.

IB 디플로마 프로그램은 국적이 없으며 6그룹으로 과목이 구성되고 IB 학위 취득을 위해 그룹1에서 그룹5까지의 교과 그룹에서 각 1과목씩, 그리고 그 이외의 1과목 또는 그룹6의 예술 과목을 선택하여 총 6과목을 2년 동안 이수한다. 이 6과목 중 3과목은 필수로 심화 레벨(HL)로, 3과목은 일반 레벨(SL)로 이수해야 한다. 심화 레벨의 표준 시수는 240시간, 일반 레벨은 150시간이다. 만점은 과목당 7점이며, 여기에 지식론

(TOK), 과제논문(EE), 창조성 · 활동 · 봉사(CAS) 3점이 가산돼 45점 만점이 된다.

학생들은 여섯 과목 2년 코스 과정을 모두 수료하고, 5월과 11월에 열리는 최종 시험에서 24점 이상을 취득해야 디플로마 취득이 가능하다. 45점 만점에서 24점은 겉으로 보면 얻기 쉬운 점수인 것 같이 보인다. 그러나 의외로 24점 이상을 맞고도 디플로마를 취득하지 못하는 경우가 있다. 심화 레벨(HL) 과목들은 4점 이상을 꼭 취득해야 하는데 한 과목이라도 4점 미만을 받게 되면 디플로마는 취득이 불가능하다.(꼭 디플로마를 받아야 대학을 갈 수 있는 것은 아니다. 서티피케이트를 대학 입학 시 인정해주는 학교도 있다.)

IB DP는 대학의 일반과목 수준과 비슷하다. 대학에 따라 IB DP 과정에서 취득한 점수를 학점으로 인정해주기도 한다. 연구에 따르면 IB 학생들은 평균보다 22% 더 높은 비율로 전 세계 일류 대학에 합격한다. 특히 아이비리그 대학의 경우 IB 학생들의 합격률이 세계 평균보다 18%나 높다.

IB 과정은 창의성과 비판적 사고에 초점을 맞춘 교육 프로그램으로 아이들을 미래에 대비시키는 커리큘럼을 제공한다. 많은 대학들은 IB DP

의 엄격함을 인정하며 이를 통과한 학생들을 선호하는 경향이 있다.

IB 공식 홈페이지 자료에서 말하는 'IB 학생들의 특징과 강점'을 살펴보자.

◆ IB 학생들의 특징

1. 시간 관리 기술과 강력한 자아 동기를 갖는다.

IB에서 중요시하는 ATL Skills(학습접근법) 5가지 중 Management skills(관리 능력)에 해당되는 기술이다. IB 학생들은 초등학교 때부터 지속적으로 이러한 기술을 습득하기 위해 노력한다. DP 과정을 하는 11학년이 되면 습득한 기술은 학생들이 자연스럽게 성공적인 학습자가 되도록 돕는다. 학생들은 나아가 지역사회를 위해 행동하는 신념 있는 인재로 성장한다.

2. 시민 참여에 깊은 관심을 갖는다.

IB 학생들의 경우 CAS(Creativity, Activity, Service)라는 DP 프로그램의 일환으로 3가지 활동을 하게 된다. 특히 봉사활동은 IB가 추구하는 세계 시민을 완성하는 데 주축이 되는 실제적 활동이다.

3. 뛰어난 학업 능력을 가지고 있다.

유명 대학이 IB 디플로마 과정을 마친 학생들의 입학을 선호하는 이유를 생각해보라. 학생들은 이미 엄격한 DP 프로그램을 마치며 대학 생활에 적응해 있다.

4. 강력한 연구 정신과 글쓰기 능력이 있다.

IB 과정은 탐구 정신이 기본이다. 늘 질문하고 성찰한다. 자신의 생각을 표현하는 데 적극적이다.

5. 비판적 사고력을 가지고 있다.

탐구적 자세를 가진 학생들에게 비판적 사고는 필수적인 기술이다. 자신의 학습에 주체적이다.

6. 국제적인 관점을 갖고 있다.

IB 학습자상을 통해 강조하는 열린 마음(open- minded)을 가진 학생들이다. 다름을 인정하는 세계 시민을 기른다.

◆ IB 학생들의 강점

1. 학생 리더십 활동에 많이 참여한다.

2. 리서치 프로젝트를 대학 교수진과 진행하기도 한다.

3. 다른 나라에서 공부할 기회를 적극적으로 찾는다.

4. 다른 학생들을 지도한다.

5. 자원 봉사 및 사회 봉사에 참여한다.

6. 인턴십을 수료한다.

IB 프로그램은 학생들에게 좀 더 많은 기회를 열어준다. 다른 과정을 공부하고 세계 우수 대학을 지원하는 학생들보다 더 많이 입학의 기회를 갖는다. 학생들은 CAS(창의 · 체험 · 봉사활동)를 통해 지적 성장뿐만 아니라 정서적 · 윤리적으로 성장할 기회를 얻는다. 자신감을 갖고 독립적으로 학습하는 학습자로서 거듭난다. DP 과정의 비교과 코어 과정인 소논문(Extended essay)에서 학생들은 이미 깊이 있는 학습을 통해 독립적 연구를 진행한다.

IB 과정은 비판적 사고를 장려한다. 이슈를 어떻게 분석하고 평가하는지 학습하고, 새로운 관점을 늘 고려한다. 언어 수업 시간에는 세계화된 사회에 필요한 국제적 감각을 키우도록 장려한다. 학생들은 시험을 준비하기 위해 주제나 사실을 단순히 암기하지 않는다. 또 하나의 DP 비교과 코어인 지식론(Theory of Knowledge)을 예를 들어보자. 학생들은 지식론을 통해 과목을 분리하여 학습하지 않고 여러 학문적 지식의 상호 관계를 학습한다.

IB 과정은 학문의 깊이와 폭을 선택할 수 있게 지지한다. 즉 학생들이 개인적인 관심을 고려하여 과목을 선택하고 특정 영역을 깊이 있게 연구할 수 있는 기회를 준다. 학습자는 6개의 주제 그룹에서 과목을 선택하는데 다양한 수준의 과목을 선택할 수 있다. 일반과정(SL)과 다르게 심화과정(HL)에서 좀 더 깊은 학문적인 연구가 가능하다.

DP 과정을 통해 대학 입시를 준비한 학생이 전공을 선택한다고 가정해보자. 이미 2년 동안 개인적 관심을 고려해 과목을 선택하고 탐구했다. 자신의 배움의 여정을 스스로 계획하여 걷고 있고 내적 학습 동기가 충만하다. 2년 동안 엄격한 과정을 마치며 습득한 학습 접근법(ATL)은 사회에 21세기 인재로 첫발을 내딛는 데 도움을 주는 강력한 도구이다. 소논문과 지식론 등을 통해 학습한 비판적 사고와 작문 기술은 필수 능력이다.

최고 명문 대학에 입학하기 위해 시험을 위한 암기 학습만을 해온 학생이 경험해야 할 어려움을 생각해보자. 점수에 맞춰 대학과 전공을 정하고 입학한 후 준비되지 않은 대학 생활을 시작하는 학생은 준비된 학생에게 뒤처질 수밖에 없다.

명문대에서 IB 학생을 선호하는 이유는 간단하다. IB 과정으로 학습한 학생들은 비판적 사고에 익숙하고 창의적이다. IB 교육을 통해 21세기 인재 역량을 학습하고, 미래를 이끌어나갈 글로벌 시민이 될 자질을 갖춘다. 결코 쉽지 않은 IB DP 과정을 통과한 학생들은 대학에 진학한 후에도 DP 과정에서 습득한 많은 학습접근 기술을 사용한다. 리서치 스킬, 비판적 사고 스킬, 인터뷰 스킬 등 대학 학습에 필요한 기술들을 자유롭게 사용할 수 있다. IB 학생들은 사회에 필요한 인재로 성장하는 데 치트키를 가지고 있다고 해도 과언이 아니다.

04

더 이상 미룰 수 없는 변화

우리 교육 문제의 진원지는 어디일까? 대한민국의 국민이라면 우리 교육의 문제점이 무엇인지 대부분 인식하고 있을 것이다. 미래 인재를 양성하기에 턱없이 뒤처진 암기식 교육이 아직도 만연하다. 공교육 현장을 개선하기 위한 새로운 교육 방향이나 정책이 성과를 보기도 전에 바뀌거나 과거를 답습한다. 백년대계인 교육은 오랜 시간에 걸쳐 성과가 나오기 마련인데, 세상은 하루가 다르게 변화하고 있다. 우리의 교육 패러다임은 시대의 변화를 따라 변하고 있는가? 더 이상 미룰 수 없는 교육의 변화와 미래 교육 패러다임의 요구에 대해 성찰해보자.

우리 교육 패러다임의 전환을 말할 때 교육의 공정성과 타당성 이슈를 빼놓을 수 없다. 좋은 대학을 가는 것이 교육의 목표인 한국의 교육 평가 시스템이 과연 타당하고 공정한가에 대한 토론은 쉬운 답이 없는 끝나지 않는 문제이다. 수시와 정시 전형 요소들을 살펴보면 엄격하게 타당하고 공정하다고 말하기 어렵다. 세상에 과연 그런 완벽한 교육 평가 시스템이 있을까?

만약 있다면 완벽한 교육 평가 시스템이 시행되기 전까지 우리는 문제를 알면서도 현재 교육 평가 방식을 고집해야 할까? 달리는 차는 멈추어야 고칠 수 있지만 교육은 멈출 수 없다. 아이들의 미래가 달린 문제다. 고장난 차를 새 차가 대신할 때까지 문제를 파악하고 해결하려는 시도를 지속해야 한다.

코로나로 인해 학교는 온라인 수업으로 전환하거나 온 · 오프라인 하이브리드 수업 모드로 전환하는 등 큰 변화를 겪었다. 교사들은 새로운 환경에 적응하고 비대면 수업을 준비하느라 많은 노력을 해왔다. 대면수업과 온라인 수업을 혼합한 블렌디드 수업이 등장하고 교실에서의 활동

중심 수업을 권장하는 '거꾸로 수업'이 확산되었다.

우리는 코로나 시대를 살면서 교육의 존재 이유에 대해 다시 성찰하는 기회를 갖게 되었다. 이 세상은 혼자 살 수 없고 다 같이 함께 노력해야 하는 곳임을 다시 느끼게 만들었다. 우리 교육은 세계 시민을 기르기 위해 어떠한 교육을 하고 있는가? 좋은 대학 입학이 인생 성공의 열쇠이자 출세의 지름길이라고 가르치는 입시 대비 교육을 지속하는 것이 바람직한지 생각해보자.

중세 시대 유럽을 휩쓸었던 흑사병이 지나간 후 인본주의 중심 르네상스 시대가 열렸다. 코로나로 시작된 변화는 새로운 교육 패러다임을 요구하고 있고 교육계는 이에 발맞춰 어떠한 변화를 준비해야 할 것인가 고민하고 있다.

"한국에서 가장 이해하기 어려운 것은 교육이 정반대로 가고 있다는 점이다. 한국의 학생들은 하루 10시간 동안 학교와 학원에서 미래에 필요 없는 지식과 존재하지도 않을 직업을 위해 시간을 낭비하고 있다."

2007년 미래학자 앨빈 토플러가 한 말이다. 국가발전의 가장 큰 장애요인인 평등화 · 획일화 교육을 하고 있는 한국 교육의 문제점을 지적하면서 교육 개혁이 경제나 국가 안보보다 중요하다고 강조했다. 그는 한국의 미래가 '교육'에 달려 있다고 했다.

2022년 현재는 어떤가? 학생들은 하루 10시간 동안 무엇을 하고 있는가? '미래에 필요 없는 지식, 존재하지 않을 직업'을 위한 학습을 하고 있지 않은가? 10년이면 세상도 많이 변한다. 우리의 교육은 어떤가?

4차 산업혁명으로 인한 사회경제적인 변화는 역량 교육의 중요성을 계속해서 강조하고 있다. 즉 총체적인 학교 교육의 혁신이 강력하게 요구되고 있다. 우리나라 교육계도 꾸준하게 문제점을 제기하고 발전하려는 노력을 해왔다. 2015년 개정 교육과정에서는 핵심 역량 함양을 목표로 교육과정을 개정했다. 또한 교육과정 및 평가 설계에 이를 반영했다. 그러나 교과별 교육과정은 기본적으로 학문 중심 교육과정으로 구성되어 방법적인 면에서 혼란이 일었다.

2022년은 교육계에 큰 변화가 있었다. 대통령 소속 행정위원회인 국가교육위원회는 '2022 개정 교육과정' 심의 과정을 거쳐 초 · 중등학교 교육과정 개정안을 확정 발표했다. 배움의 즐거움을 일깨우는 미래 교육으로 전환하는 것을 목표로 삼았다. 예측할 수 없는 변화에 대응할 수 있는 교육 혁신의 필요성, 학령인구 감소 및 학습자 성향에 따른 맞춤형 교육 기반의 필요성 및 새로운 교육환경 변화에 적합한 역량 함양 교육의 필요성을 반영한 개정이다.

이번 2022 교육과정 개정에 포함된 내용 중 눈에 띄는 내용은 바로 고등학교 교육 과정을 학점 기반 선택 교육과정으로 명시한 것이다. 한 학기에 과목 이수와 학점 취득을 완결할 수 있도록 재구조화 하고 있다. 또한 학생이 진로에 적합한 과목을 이수할 수 있도록 개선했다. 새 교육과정을 적용하기 위해 고교 현장의 변화를 고려한 대입제도 마련을 위해, 고교 현장과 대학, 전문가 의견을 폭넓게 수렴하여 2024년 2월까지 '2028년 대입제도 개편안'을 확정 · 발표할 예정이다.

우리나라 교육의 궁극적인 목표는 대학입시에서 명문대에 입학하는 것이라 해도 과언이 아니다. 교육 현장에서 여전히 대학입시전쟁은 계속되고 있다. 대입제도 개편안은 2028년에 실시하게 될 예정이니 아직 갈 길이 멀다.

명문대 입학을 위한 교육은 우리나라 교육 프레임의 문제만은 아니다. 『최고의 교육』에서 저자 로베르타는 우리나라 교육 문제와 비슷한 다큐멘터리 〈유치원 전쟁〉을 언급하고 있다. 자녀가 명문 대학에 들어가기를 바라는 부모는 자녀가 명문 유치원에 들어가도록 최선을 다한다. 맨해튼의 명문 유치원 입학 열풍을 취재하여 유치원에서부터 시작되는 대학입시전쟁을 보여준다. 그러나 이제 이러한 '입시 광증'은 변화하는 교육 패러다임을 따라잡지 못한다. 4차 산업혁명의 거센 바람은 명문 대학 간판을 쥐고 세상에 나오는 자녀에게 더 이상 보장된 미래를 약속하지 못한다.

IB를 공교육에 도입하고자 하는 움직임은 교육 패러다임의 변화에 발맞추기 위한 노력이다. 미래 사회가 요구하는 역량과 기초소양을 함양하고 학생의 자기주도성, 창의력과 인성을 키워주는 교육과정, 학교 현장의 자율적인 혁신을 지원하고 책임교육을 구현하는 교육과정 그리고 디지털 · AI 교육 환경 변화에 적합하고 학생의 자기주도적 역량을 기르는 교육 과정으로의 변화를 추구하는 2022년 교육 개정안에 IB 교육과 유사한 철학과 교육 전략이 보인다. IB 공교육 시도가 국가 교육 개정 계획과 동떨어져 있지 않다는 말이다.

미래학자 앨빈 토플러는 "21세기의 문맹자는 글을 읽고 쓸 줄 모르는 사람이 아니라 배우고, 배운 걸 일부러 잊고, 다시 배울 줄 모르는 사람이다"라고 말했다. 21세기 문맹자가 되지 않으려면 우리는 우리가 유지하고 있는 한국 공교육의 문제점을 파악하여 고치려는 자세가 필요하다. 미래에 필요한 인재를 기를 수 있는 새로운 공교육 제도를 찾아 적용하며 교육 혁신을 이루어야 할 때다.

아직도 학교 성적이 자녀의 미래를 밝혀줄 것이라 믿고 있는 학부모님들이 있다면 교육 패러다임의 변화를 다시 살펴보아야 한다. 또한 공정성과 타당성만을 위한 공교육은 지양하고 21세기 변화에 걸맞은 인재를 양성하기 위한 IB 교육의 장점을 들여다보아야 한다.

로베르타 골린코프 · 캐시 허쉬의 책 『최고의 교육』에서 미래를 위한 역량이란 개념은 전혀 새로운 개념이 아니며 이러한 역량을 실제 현장에서 실시하는 것이 급선무라고 하였다. 우리는 이미 미래에 어떤 역량이 필요한지 너무도 잘 알고 있으나 현장에 적용하는 시기가 세상의 변화를 따라잡지 못하고 있다는 의미이다. 앨빈 토플러 또한 교육 현장에서 아직도 미래에 필요없는 지식과 존재하지도 않을 직업을 위한 교육을 하고 있는 것이 아닌지 성찰해야 한다고 말했다.

우리나라 고등학교 학생의 주당 수업 시간은 OECD 국가 고등학생들의 약 2배 혹은 그 이상이라고 한다. 그 시간 동안 암기식 교육을 하지 않고 창의적으로 탐구하도록 지원하고, 국제적인 생각을 갖고 세계 문제에 관심을 갖도록 한다면 어떨까?

IB 교육은 모든 연령의 학생들이 창의적, 비판적 사고를 하고 주도적으로 탐구하며 도전하는 미래 역량을 기르는 교육이다. 또한 학생들이 지역사회 및 세계를 인식하고 다양한 언어를 학습하도록 한다. 높은 성적을 얻어 좋은 대학에 가기 위해 학습하는 것이 아니라 함께 사는 세계 시민이 되기 위해 학습한다.

미래 어떤 사회에서 우리 아이들이 살아갈지 모른다. 한 가지 확실한 것은 미래에는 이름 있는 대학을 나와 대기업에 취직하고 학군 좋은 곳에 아파트를 장만하는 것만을 성공으로 보지 않게 된다는 것이다. 인생은 계속해서 달려야 하는 마라톤과 같다. 평생 교육을 통해서 세상의 변화에 적응하며 함께 사는 법을 배우는 아이들이 성공하는 아이들이 아닐까.

05

교과서 없는 교육

우리나라 교육에서 교과서는 필수 학습 교재이며 국가에서 정한 학습 성취 기준을 바탕으로 내용이 구성된다. 그러나 2022년부터 우리나라의 초등교육 교과서는 '국정'에서 '검정'으로 바뀐다. 바뀌는 과목은 3, 4학년 수학, 사회, 과학 교과 과목이다. 또한 2023년에는 초등 5, 6학년 수학, 사회, 과학 교과서가 검정으로 바뀐다. 현재 교과서는 2015년 개정 교육과정을 따르지만 2022년 교육개정안이 발표됨에 따라 '국정' 이나 '검정' 모두 새로운 교육과정을 바탕으로 교육 내용이 구성된다.

새로운 2022년 교육 개정안이 발표되면서 초등 학부모들은 우려의 소리를 냈다. 국정 교과서는 전국의 모든 학교에서 같은 과정을 학습하는데, 검정 교과서를 사용하게 되면 교과서마다 내용이 다르므로 지역이나 학교에 따라 학력차가 생기는 것이 아니냐는 것이다. 또한 학교에서 선정한 검정 교과서가 아닌 타 학교가 사용하는 검정 교과서까지 학습시켜야 하는 것은 아닌지 의견이 분분했다. 두 종류의 교과서 모두 국가가 정한 성취 기준에 따라 제작되므로 배우는 내용은 별 차이가 나지 않는데도 조그만 변화는 학부모를 긴장하게 만들었다.

최근 들어 교육계에 가장 뜨거운 이슈가 된 것은 IB 한국 공교육 도입이다. 국제학교의 교육 프로그램으로 알려진 IB를 한국어로 공교육에 도입하겠다는 교육청의 수가 늘고 있다. 국정 교과서에서 검정 교과서로 변경되는 것에 문제 야기를 우려했던 학부모들은 이제 교과서가 없는 IB 교육의 공교육화를 받아들여야 하게 될지도 모른다. 교과서 없이 자녀의 교육을 어떻게 지원할 것인지에 대한 IB 교육에 대한 우려는 이미 학부모 카페에서 큰 이슈가 되고 있다.

IB 교육에서 교과서는 참고 자료이다. 앞으로 검정 교과서제가 시행되면 교사는 기존 국정 교과서가 아닌 많은 검정 교과서를 참고하여 IB 프로그램에 적용할 수업 계획을 도모해야 한다.

교사의 입장에선 교육계의 변화의 바람을 어떻게 생각할까? 새로운 개정 교육과정의 시행과 더불어 IB 교육 프로그램이라는 큰 변화를 준비해야 한다. 시 · 도 교육감들은 대구지역 IB 월드스쿨의 수업에 참관하며 큰 관심을 보이고 있다. 그 외 지역 교사들은 과연 한국형 바칼로레아(KB)가 실제 현장에서 교육과정에 도입될 수 있을지 반신반의하며 지켜보는 듯하다. 모든 학교가 IB를 도입하는 것은 아니나, 도입하는 지역과 학교가 급속히 늘 전망이다.

이러한 공교육 제도에 부는 태풍 같은 변화의 주역인 IB 교육에 대한 학부모를 위한 정보가 거의 전무하다. IB를 시행하고 있는 학교는 교육 공동체의 일원인 학부모에게 기본적인 정보를 제공하겠지만 이제 막 IB를 도입하려는 학교에 자녀를 둔 학부모들은 어떻게 자녀의 교육을 지원할지 막막하다. 교과서에 나오는 내용을 복습하기 위해 학습지와 참고서를 사고, 학원에 보내는 것으로 초등 아이의 교육을 지원했다면 이제는 어떻게 자녀의 학업을 서포트할 것인지 알아야 한다. 교과서가 없다면 무엇을 학습하는지, 어떤 방법으로 교수 학습이 이루어지는지, 가정에서 어떻게 아이의 학업을 지원할 것인지 알아야 한다.

IB 초등교육은 교과서가 없다. 대신 학생들은 6개의 초학문적 주제를 바탕으로 다양한 교과 내용을 학습할 수 있으며 그 과목은 언어(Language), 수학(Math), 사회(Social study), 과학, 예술(Art), 인성 · 사회성 교육과 체육 과목(PSPE)이다. 6개의 초학문적 주제는 아래와 같다.

우리는 누구인가? (Who we are?)	우리 자아의 본질에 대해 탐구하는 단원
우리가 속한 공간과 시간은 어디인가? (Where we are in place and time)	시간과 공간 속에서 우리의 본질을 탐구하는 단원
우리는 어떻게 자신을 표현하는가? (How we express ourselves?)	언어와 예술을 통한 우리 자신의 표현. 미적 감상에 대해 탐구하는 단원
세계는 어떻게 돌아가는가? (How the world works?)	자연 세계와 그 법칙에 대해 탐구하는 단원
우리는 어떻게 우리를 구성하는가? (How we organize ourselves?)	인간이 만든 시스템과 공동체의 상호연관성에 대해 탐구하는 단원
우리 모두의 지구 (Sharing the planet)	유한한 자원을 다른 사람들과 그리고 다른 생물들과 공유하기 위한 권리와 책임에 대해 탐구하는 단원

단원을 잘 살펴보자. 한 주제 아래 어떠한 과목이 관련 있는지 떠오르는가? '우리는 어떻게 자신을 표현하는가?' 주제를 살펴보자. '표현' 하면 미술, 음악 과목 등이 바로 떠오른다. 그러나 예술과 관련한 과목뿐 아니라 국어, 체육 과목도 이 주제와 연관될 수 있다. 학생들은 국어 시간에 주제와 연관된 글쓰기 활동을 할 수 있고 체육 시간에는 자신이 나타내고자 하는 주제의 춤을 고안하여 출 수도 있다.

'우리 모두의 지구' 주제는 어떤가? 과학 과목이 선뜻 떠오르는가? 그에 더해 사회, 수학, 예술 과목을 추가할 수도 있다. 사회 시간에 사회적 이슈를 학습할 수 있고 수학 시간에 지구 온난화 추이를 데이터화할 수 있으며 미술 시간에 환경 보호 포스터를 만들 수 있다.

6개의 주제 아래 연관 교과가 보인다면 안심이다. 교과서가 없어도 학습 주제와 관련된 과목을 학습할 것이고, 학습 성취 기준에 따라 교사들은 학습 계획을 할 수 있다. 6개 주제에 모든 과목이 연관되는 것은 아니며 심화된 지식 수준을 요하는 개별 과목 수업이 있다. 교육과정에 따라 다르지만 수학, 언어, 사회, 과학 과목 등은 초학문적 주제와 별개의 성취 기준을 세우고 시간표를 계획한다.

◆ IB PYP 국제학교 시간표 예시

<table>
<tr><th>교시</th><th>시간</th><th>월요일</th><th>화요일</th><th>수요일</th><th>목요일</th><th>금요일</th></tr>
<tr><td>1</td><td>08:30</td><td rowspan="2">탐구 주제 단원(UOI)</td><td rowspan="2">체육</td><td>랭귀지</td><td>음악</td><td>랭귀지</td></tr>
<tr><td>2</td><td>09:15</td><td>UOI</td><td>수학</td><td>수학</td></tr>
<tr><td></td><td>10:05</td><td colspan="5">쉬는 시간</td></tr>
<tr><td>3</td><td>10:30</td><td>랭귀지</td><td>수학</td><td>외국어</td><td rowspan="2">미술</td><td rowspan="2">UOI</td></tr>
<tr><td>4</td><td>11:15</td><td>수학</td><td>언어</td><td>수학</td></tr>
<tr><td></td><td>12:00</td><td colspan="5">점심 시간</td></tr>
<tr><td>5</td><td>12:45</td><td>수영</td><td>리딩</td><td>체육</td><td>랭귀지</td><td>리딩</td></tr>
<tr><td>6</td><td>1:30</td><td>랭귀지</td><td>리딩</td><td>음악</td><td>UOI</td><td>외국어</td></tr>
<tr><td>7</td><td>2:25</td><td>체육 – 수영</td><td>도서관</td><td>리딩</td><td>외국어</td><td>사회</td></tr>
</table>

시간표를 보면 학생들이 하루 종일 초학문적 주제만을 학습하는 게 아니라는 것을 알 수 있다. 초학문적 주제는 UOI라고 줄여서 부르는 탐구 주제 단원 수업 시간에 학습하게 된다. 탐구 주제를 학습하며 전통적 과목들을 연계하여 학습하기도 하지만 독립 과목(Stand alone)들은 탐구 주제 학습에 필요한 지식과 기술 등을 심도 있게 다룬다. 위 시간표에 있는 수학, 랭귀지, 사회, 과학, 체육, 음악, 외국어 등이 대표적인 독립 과목들이다.

이 독립 과목들은 학년 및 학교에 따라 다르게 구성하는 것이 가능하다. 국제학교의 경우 수학, 랭귀지, 사회, 과학 과목들은 담임선생님과 함께 학습하며 독립 과목 교사들이 체육, 외국어, 음악, 미술을 담당한다.

초학문적 주제를 바탕으로 짜인 연간 탐구 학습 프로그램은 학생들의 지리적 배경과 상관없이 지속적인 학습을 할 수 있도록 만들어준다. 예를 들어 한국에서 배운 '세계는 어떻게 돌아가는가?' 단원은 세계 어느 초등학교에 가더라도 개념적 이해를 바탕으로 학습하기 때문에 지속적인 학습이 가능하다. 교과서가 없다고 하지만, 초학문적 주제와 연관된 6과목을 바탕으로 학생들은 탐구 중심의 학습을 할 수 있다.

교과서가 없다고 하나, 교과서는 교사들이 참고할 가장 좋은 수업 계획 자료다. IB는 국가 교육과정을 지지하기 때문에 IB 교육의 틀에 우리 교과과정을 접목함으로 학년 성취 기준에 맞는 학습을 지속할 수 있다.

2장

초등 부모라면 알아야 할 초등 IB PYP

01

IB 교육은 무엇인가?

IB 교육에 대해 한국 교육계에서 많은 관심을 갖고 있고 미디어에도 자주 소개되어 학부모들도 IB 교육이 어떤 교육인지 호기심 어린 눈으로 지켜보고 있을 것이다. 2012년 제주 국제학교 근무 시 학교를 방문하는 분들에게 학교를 소개하는 업무도 맡았었는데, IB를 말하면 IVY리그 대학과 혼동하던 방문객들이 종종 있었다. 그만큼 IB에 대한 지식과 관심이 많지 않았다. 그러나 최근 교육부 장관이 이를 언급할 정도로 IB는 이제 한국 공교육 대체 방안으로 떠오르고 있다. 따라서 IB가 앞으로 공교육을 대체할 교육 커리큘럼이 될 가능성이 보인다.

앞에서 언급한 바와 같이 IB(International Baccalaureate)란 스위스에 본부를 둔 비영리교육재단인 IBO(International Baccalaureate Organization)에서 개발 · 운영하는 국제 인증학교 교육 프로그램이다. 역량 중심 교육과정을 기반으로 개념 이해 및 탐구 학습을 통한 학습자의 자기주도적 성장을 추구하는 교육 체제이다. 우리나라는 국제학교와 사립학교 및 국공립학교를 모두 포함하여 32개 학교에서 IB를 제공하고 있다.(2022.12월 현재)

◆ IB PYP 초등 과정

IB PYP는 초등교육 프로그램이며 1997년에 소개되었다. 정확하게는 유아 및 초등교육 프로그램으로 해석해야 한다. 3~12세 학생들을 위한 교육 프로그램으로 미래에 필요한 국제적인 마인드를 가진 세계적 리더 양성을 목표로 하는 공통 프레임워크이다. PYP 초등학생들은 세계적으로 중요한 인간 공통점을 학습할 수 있는 6개의 초학문적 주제를 통해 학습한다.

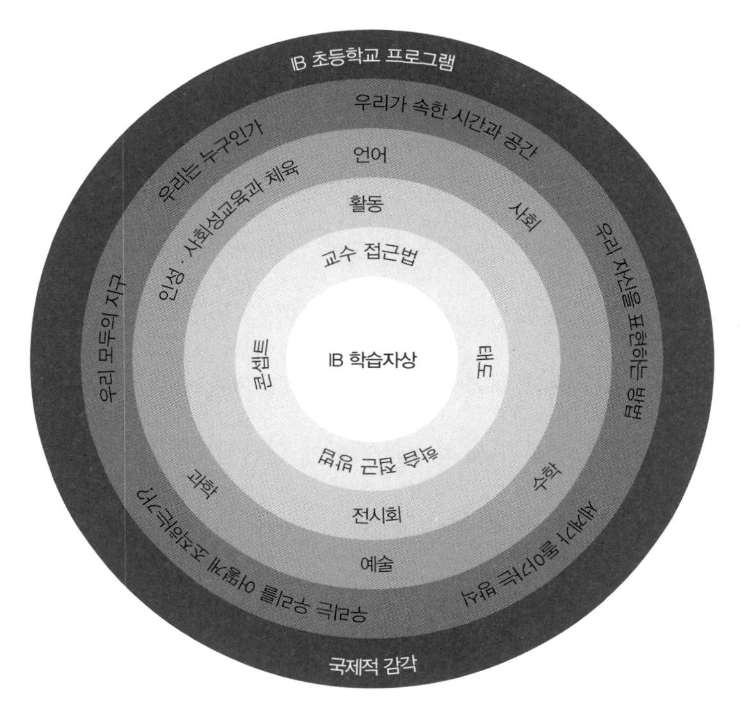

IB PYP 초등학교 프로그램

초학문적(Transdisciplinary)이란 '서로 다른 학문 간이나 혹은 모든 학문을 뛰어넘는 것'을 의미한다. 초학문적 학습 주제는 학생들이 실제적이고 현실적인 맥락 안에서 협동하고 탐구하도록 지원하며, 자신을 이해하고 더 나아가 세계를 이해하도록 돕는다. 6개의 초학문적 주제(① 우리는 누구인가? ② 우리가 속한 시간과 공간 ③ 우리 자신을 표현하는 방법 ④ 세계가 돌아가는 방식 ⑤ 우리는 우리를 어떻게 조직하는가? ⑥ 우리 모두의 지구)는 탐구 학습의 틀을 마련하며 7가지 핵심 개념(형태, 기능, 원인, 변화, 연결, 관점, 책임, 성찰)을 이용해 교과 내용을 연계한다.

교과는 6개로 나뉘며(언어, 수학, 사회, 과학, 예술, 인성 · 사회성 교육과 체육 과목) 초학문적 주제의 탐구 단원 계획에 연계된다. 교사는 POI(연간 탐구 프로그램)를 자유롭게 계획할 수 있으며 국가 교육과정을 통합할 수 있다. 핵심 개념(Key concepts)과 연관된 관련 개념(Related concepts)은 초학문적 주제 학습의 맥락에 연관된 교과의 세부적인 학습을 계획하는 데 이용된다.

PYP 교육의 학습은 탐구 기반 학습(Inquiry based learning)이며 학습에 접근하는 방법(ATL 기술)을 이용한 개념적(Conceptual understanding)이고 도전적인(Challenging) 학습을 추구한다. 학생들은 선행 지식과 자신의 경험을 기반으로 새로운 지식을 학습하고, 얻은 이해를 새로운 분야의 맥락에 적용하는 법을 배운다.

학생은 자신의 배움의 여정에 주도권을 갖고 탐구하며(Agency) 학습에 그치지 않고 그에 걸맞은 행동(Action)을 하도록 한다. 실제적 맥락 안에서 학습한 이해를 바탕으로 사회를 위해 의미 있는 행동을 하도록 격려한다.

학생들은 PYP 초등과정을 마치며 배움의 여정을 교육공동체와 나누는 '전시회(Exhibition)'를 갖는다. 학생들은 6개의 초학문적 탐구 주제 중 관심 있는 주제를 정해 리서치하고 탐구하며 그 결과를 발표한다. 학교의 교사들은 학생들의 멘토로 그들의 탐구를 지원한다. 학생들은 팀으로 함께 전시회를 준비하며 커뮤니케이션 스킬을 기르고 협업의 중요성을 학습한다.

IB가 말하는 학습자상은 PYP 초등 프로그램뿐만 아니라 IB 교육 전반에서 늘 강조되며 지적, 개인적, 정서적, 사회적 성장을 포함한 광범위한 인간의 역량과 책임을 말한다. 이 학습자상을 통해 학생은 자신의 학습에 주도적으로 참여하며, 국제적 마인드를 갖고 긍정적 변화를 추구한다. 학습자상은 모두 10개로 탐구하는 사람, 지식을 갖춘 사람, 생각하는 사람, 소통하는 사람, 원칙을 지키는 사람, 열린 마음을 가진 사람, 배려하는 사람, 도전하는 사람, 균형을 갖춘 사람, 성찰하는 사람이다.

PYP 학생들은 하나 이상의 언어를 학습하고 정체성을 기르며 국제적인 마인드를 기른다. 언어는 학생들이 훌륭한 탐구가가 되어 의사소통을 하고 문해력을 키우는 데 중추적인 역할을 한다. 외국어 능력을 습득함으로써 학생들은 언어능력뿐만 아니라 다양한 문화를 이해하는 기회를 갖게 된다. 특히 PYP 초등교육은 모국어의 중요성을 강조하며 모국어 기초가 튼튼한 학생은 '트랜스 랭귀징' 과정을 거치며 새로운 언어를 빠르게 학습한다.

PYP 초등 과정에서는 평가 과정에 교사뿐만 아니라 학생도 함께 참여하는 것이 특징이다. 학생들은 자신의 학습을 성찰하고 발전시키기 위한 '다음 단계'를 위해 동료 및 교사의 피드백을 적극적으로 수용한다. 평가는 점수와 등수로 줄을 세우는 것이 목적이 아니라 학습의 모니터링, 문서화, 측정, 보고의 지속적인 과정으로 본다.

◆ IB MYP 중등과정

IB 중학교 프로그램은 만 11세에서 16세를 대상으로 하며 학제간 통합 지식 융합학습을 제공한다. 보통은 5년 과정이지만 각국의 교육 제도에 맞춰 운용이 가능하다. 국제학교에서는 6학년에 중등과정을 시작한다.

중학교 프로그램은 8개의 과목(언어와 습득, 언어와 문학, 사회, 수학, 과학, 체육 · 보건, 예술, 디자인) 그룹으로 구성되어 있으며 매년 최소 50시간의 교육 시간을 요구한다. 교사는 개념(16개)과 교과 관련 콘셉트 및 글로벌 맥락(개인의 탐구 및 관계, 공간과 시간의 개념, 개인적 · 문화적 표현, 과학 기술 혁신, 세계화 및 지속가능성, 공정성 및 발전)을 이용해 교수 설계를 할 수 있다. 학생들은 개념을 통해 복잡하고 국제적인 이슈와 과제를 분석하고 더 깊은 교과의 이해를 습득한다.

중학교 프로그램 최종학년에는 개인 프로젝트(Personal Project)를 한다. 글로벌 맥락의 주제를 이해하고 테마를 스스로 결정하여 완료 후 스스로 평가를 진행한다.

6학년부터 지역사회 일원으로 봉사활동에 참여하도록 권장되며 교실에서 배우고 있는 것을 타인의 삶과 환경에 긍정적인 변화를 주기 위해 사용할 기회를 갖는다.

※ DP과정은 35쪽 '명문 대학은 왜 IB학생을 선호하는가?' 내용 참조.

02

IB가 추구하는 인재 - 학습자상

"IB 프로그램의 목적은 인간의 공통성을 인식하고 지구에 대한 공동 책임을 갖고 더 좋고 평화로운 세상을 만들어가는 데 도움을 주는 국제적인 마인드를 가진 사람을 만드는 것이다."

– IBO 공식 사이트(https://www.ibo.org/about-the-ib/mission/)

IB 학습자상은 IB 월드 스쿨이 추구하는 학습자의 특성이다. IB 교육의 목표에서 빠질 수 없는 '국제적 마인드를 가진 세계 시민'에게 없어서는 안 되는 덕목들이다. IB 교육의 모든 과정에서 이 학습자상의 획득을 성찰한다. IB 교육에서 가장 중요한 학습자상을 알아보자.

탐구하는 사람(Inquirers)	호기심을 가지고 질문하고 탐구하는 태도를 가진 사람, 삶에 대한 궁금증과 열정을 평생 지속하는 사람
지식을 갖춘 사람(Knowledgeable)	지식을 쌓고 자연과 사회에 대해 이해를 넓히는 사람
생각하는 사람(Thinkers)	비판적이고 창의적인 생각으로 합리적 결정을 내릴 수 있으며 신중하게 생각하고 처신할 줄 아는 사람
소통하는 사람(Communicators)	자신의 생각을 자신감 있고 효과적으로 표현하는 사람
원칙을 지키는 사람(Principled)	상식과 양심을 지키며 정직하고 성실한 태도를 가진 사람
열린 마음을 가진 사람(Open-minded)	나의 생각이 다른 사람의 의견을 존중하고 국제적인 시각을 기르는 사람
배려하는 사람(Caring)	다른 사람을 이해하고 연민을 가지는 따뜻한 마음을 가진 사람
도전하는 사람(Risk-Takers)	낯선 상황에 용기를 가지고 시도하는 사람
균형을 갖춘 사람(Balanced)	신체적, 감정적으로 균형을 유지하도록 노력하는 사람
성찰하는 사람(Reflective)	자신의 행동, 경험한 것을 돌아보고 성찰하는 사람

– PYP의 기본 요소인 지식, 개념, 기술, 태도, 행위의 모든 측면에 IB 학습자상을 적용하는지 성찰하고 평가한다.

◆ 학습자상의 실천 예

1. 학습자상을 학교 커리큘럼의 부분으로 여기며, 초학문적 탐구 주제 학습이나 수학, 사회, 과학과 같은 독립 과목 학습(Stand alone) 때도 연결한다. 탐구 활동에 필요한 학습자상을 결정하여 학생들과 함께 반복하여 실천하고 성찰한다.

2. 교사는 아이들의 평가와 피드백에도 학습자상을 이용할 수 있다. 예를 들어 발표를 두려워했던 학생이 두려움을 극복하고 발표를 성공적으로 했을 때 '훌륭한 리스크 테이커'의 표본이었음을 학생들 앞에서 알리고 축하해준다.

3. 학생들은 자신의 학업을 성찰할 때 학습자상을 상기한다. 일주일 학습을 성찰하며 학부모님과 소통하는 플랫폼에 자신의 학습물을 올릴 때, 성취한 학습자상을 말하거나 혹은 앞으로 집중할 학습자상을 정한다. 자신의 학습물이나 친구들의 학습물을 함께 평가하고 성찰할 때도 학습자상을 사용할 수 있다.

4. 교실뿐만 아니라 교내 여러 곳에 학습자상의 짧은 설명이나 사진을 전시하여 학습자상을 마음에 새기고 실천하도록 한다.

5. 어셈블리(일주일에 한번 열리는 조회로 학생, 교사 전체 참여)에 한

주 동안 함께 실천할 학습자상을 선정하여 실천을 장려하기도 한다.

6. 학습자상을 실천하는 교육 공동체는 학습자상이 존중될 수 있도록 지역 사회의 독특한 맥락과 배경을 고려해야 한다. 지역에 따라 덜 존중되는 학습자상이 있을 수도 있다. 예를 들어 '열린 마음을 가진 사람'이나 '도전하는 사람' 학습자상을 덜 중요시 할 수 있고, '지식을 갖춘 사람' 학습자상을 매우 강조하는 사회적 분위기가 있을 수 있다. 우리 교육은 지식을 갖춘 사람을 강조했다고 볼 수 있겠다. 다양한 학습자상을 발전시킬 수 있는 방법을 교육공동체가 함께 고민하는 것이 중요하다.

7. 지역, 국가 그리고 세계적 도전이 되는 문제를 성찰할 때 학습자상을 도구로 사용할 수도 있다. 예를 들어 지구 온난화의 문제를 해결하기 위해 우리에게 필요한 학습자상은 무엇이며 어떻게 실천할 것인지 고민할 수 있다.

8. 발표회(Exhibition)를 준비하면서 학습자상을 실천하는지 성찰한다.

IB 학습자상은 IB 프로그램의 IB 강령(Mission statement)에 내재되어 있다.

☞ 지적 이해와 공경을 통해 더욱 더 나은 평화로운 세상을 만드는 탐구하고 지식이 넘치며 남을 배려하는 사람을 만든다.

☞ 엄격한 평가를 통한 최고의 국제 교육 프로그램을 만들기 위해 학교와 정부 그리고 국제기관과 함께한다.

☞ 이 프로그램은 전 세계 학생들이 적극적이고 열정적인 평생 학습자가 되도록 장려하며 이들은 다른 사람을 이해하고 다름을 인정하는 사람으로 만든다.

IB 교육의 궁극적인 목표는 더 나은 평화로운 세상을 만드는 데 기여하는 사람을 기르는 것이다. 서로 다름을 인정할 줄 알고 다른 문화를 존중하며 평생 학습하는 열정적인 세계시민의 자세가 바로 IB가 원하는 학습자상이다.

03

교과서 없이 무엇을 어떻게 학습하나?

대부분의 한국 성인들은 교과서로 학습하는 것에 익숙하다. 교과서 학습을 보조하는 문제집이나 참고서를 예 · 복습에 사용하고 암기하여 시험을 보고 평가를 받았다. 우리는 초등학교부터 암기식 교육을 받고 대학을 졸업하고 어른이 된 부모다. 그런 부모가 앞으로 자녀가 학습하게 될 교과서가 없는 교육, 탐구 중심 교육을 지원하는 데 큰 어려움을 느낄 것이 분명하다. 교과서가 없는 교육이란 어떤 의미일까?

'초학문적'이라는 말은 피아제가 1970년에 처음 도입한 용어로 접두어 'Trans'의 의미는 '교차' 혹은 '사이'를 의미한다. 즉 초학문적이란 의미는 과목의 틀을 벗어난다는 의미이다. IB는 초등 과정인 PYP 커리큘럼을 설계할 때 3~12세 학생들이 알아야 할 지식과 더불어 세계적으로 중요한 문제들을 함께 다루기 원했다. 이를 위해 '인간의 공통성'을 탐구 주제로 삼았다. 6개의 초학문적 주제는 다음과 같다.

우리는 누구인가?	자신의 본질에 대한 탐구/ 믿음과 가치/ 개인적 · 육체적 · 정신적 · 사회적 · 영적 건강/ 가족 · 친구 · 공동체 · 문화를 포함한 인간 관계/ 권리와 책임/ 인간이 의미하는 것에 대한 탐구
우리가 속한 공간과 시간	시공간 안에서의 본질 탐구, 개인의 역사, 가정과 여정, 인류의 발견, 탐험, 이주, 지역 및 국제적 관점으로 본 개인과 문명의 관계 및 상호 연결성에 대한 탐구
우리 자신을 표현하는 방법	생각 · 감정 · 자연 · 문화 · 신념 · 가치를 발견하고 표현하는 방법/ 창의성을 깊이 성찰하고 확대하며 즐기는 방법/미적 감상에 대한 탐구
세계가 돌아가는 방식	자연세계와 법칙에 대한 탐구/자연 세계(물리적, 생물학적)와 인간사회 사이의 상호작용/인간이 과학 원리를 이해하는 데 필요한 기술/과학기술 발전이 사회와 환경에 미치는 영향 탐구
우리는 우리를 어떻게 조직하는가?	인간이 만든 제도와 공동체의 상호연관성, 조직의 구조와 기능, 사회적 의사 결정, 경제활동이 인류와 환경에 미치는 영향에 대한 탐구
우리 모두의 지구	유한한 자원을 다른 사람들과 그리고 다른 생물들과 공유하기 위한 투쟁에서의 권리와 책임에 대한 탐구/공동체와 그들 내부, 그들 사이의 관계/동등한 기회에 대한 접근/평화와 갈등 해결

이 주제들은 학생들이 세계 어느 곳에서 학습하든, 어떤 문화적 배경을 가지고 있든 상관없이 탐구할 수 있는 주제다. 전 세계에서 유용한 질 좋은 교육을 제공하는 취지의 IB 교육 설립 목적과 상통한다. 인간의 공통성을 바탕으로 만들어진 이 주제는 개념적 사고를 필요로 한다. 사회적으로 중요한 이슈나 실제 문제들은 경계가 없다. 그래서 초학문적 주제는 실제적인 학습과 연관지을 수 있다.

PYP 초등 과정은 학생들이 스스로의 목소리를 갖고 행동하는 것을 중요시하는데, 초학문적 주제로 탐구가 이루어질 때 학생들은 적극적으로 행동하는 '에이전시'를 기를 수 있다. 초학문적 주제는 학생과 학습 커뮤니티 구성원의 진정한 대화의 수단을 제공하며 탐구학습을 통해 지식과 개인 및 집단의 경험을 연결시킨다. 이로써 평화로운 세상을 위한 해결책과 비전을 제시할 수 있다.

학생과 교사는 초학문적 주제를 어떻게 탐구하는지 알아보자.

1. 초학문적 주제는 탐구 프로그램(Programme of inquiry- POI)을 통해 언제, 무엇을 어떻게 탐구할 것인지 계획된다. 탐구 프로그램은 각 학

년마다 6개의 주제 아래 연간 학습 계획을 짜는 과정으로, 초학문적 주제를 탐구할 중심 생각을 정하고 탐구 주제 목록(Lines of Inquiry- LOI)에 따라 개념(Concept)적으로 탐구하게 된다. 탐구 프로그램은 교사들이 협업하여 계획하며 고정된 것이 아니라 계속해서 수정하고 성찰하며 만들어지는 살아 있는 수업계획표라 할 수 있다.

2. 7개의 주요 개념(Concepts)은 개념적 이해를 돕도록 과목 간, 과목을 넘어선 관련 과목의 광범위한 지식을 연결해준다. 초학문적 학습에서 개념은 지식의 '연결고리'로 과목 중심 지식과 달리 개념은 진정한 탐구를 위한 구조를 제공한다.

3. 초학문적 주제와 관련한 지식을 탐구하는데 학습접근법(Approach to Learning- ATL)과 교수접근법(Approach to Teaching- ATT)이 필요하다.

4. 초학문적 주제를 학습하며 지역 또는 세계적 문제를 성찰하고 행동할 기회를 갖게 된다.

5. 초학문적 탐구를 지원하는 6과목들은 언어, 수학, 사회, 과학, 예술, 인성 · 사회성 교육과 체육 과목이다. 학문적 지식이 없이 초학문적 학습이 이루어지기 어렵다. 학생들은 과목의 기본적 이해와 지식을 습득하여야 한다.

6. PYP 초등교육과정의 마지막 해에 학생들은 스스로 관심 있는 초학문적 주제에 대한 탐구를 하고 발표를 하게 되는데 이것을 학습 발표회(Exhibition)라 부른다. 이 발표회에서 학생들은 하나의 초학문적 주제에 맞는 중심생각과 탐구목록을 작성하고 멘토 선생님과 함께 탐구를 하고 발표를 준비한다. 특히 발표회를 준비할 때 지역사회의 기관과 연계하여 지역사회 혹은 세계적 이슈를 탐구하며 국제적인 마인드를 개발할 기회를 갖는다.

교육공동체의 일원인 부모로서 자녀의 성공적인 초학문적 주제 탐구 학습을 어떻게 지지해야 할까? 아래 질문에 대한 답을 찾아보라. 초학문적 주제를 학습하는 자녀의 배움의 여정을 지켜보고 지지해주기 위해 학부모 또한 열린 마음으로 자녀와 함께 걷는 것이 중요하다.

1. 자녀가 초학문적 주제의 중심 생각을 이해하고 있는가? 중심생각은 탐구의 시작점이다.

2. 초학문적 주제 탐구 학습을 위한 연관 과목의 지식을 갖고 있는가?

3. 탐구 주제 목록에 연관된 개념적 탐구를 하고 있는가?

4. 성찰을 통해 자기 스스로 탐구학습 방향을 조정하고 있는가?

5. 열린 질문에 대한 답을 찾고 공유하고 있는가?

6. 개념적 사고가 새로운 학습으로 전이되고 있는가?

Erass는 교육의 가장 중요한 측면이 특정 지식의 전달이 아니라 필요할 때 지식을 찾는 법, 그 지식을 동화하고 통합하여 문제를 해결하는 것이라고 했다. PYP 초학문적 주제 학습은 탐구와 개념적 이해를 강조함으로 학습자의 에이전시, 즉 자기주도적 탐구를 장려한다.

'Learn how to learn', 즉 학습하는 법을 학습한 학생들은 상황에 맞는 필요한 지식을 찾는 법을 알고 있다. 초학문적 주제로 전시회(Exhibition)를 준비하는 학생들은 관심 있는 주제를 스스로 정하고 지역사회와 연계한 활동(Action)을 계획한다. 자신의 탐구가 다른 사람들에게 긍정적인 변화를 줄 수 있다는 것을 실제 경험하며 미래 인재에게 요구되는 역량을 쌓는다.

우리가 교과서를 통해 아이들에게 가르치고자 하는 것은 단지 지식만은 아니다. 다만 좋은 성적을 위한 지식 암기 학습을 강조하면서 정작 미래 인재에게 필요한 다른 역량들을 간과하고 있는 것은 아닌지 성찰할 때이다. 세상은 빠르게 변하고 있다. 초학문적 주제는 빠른 세상의 변화에도 뒤처지지 않는 학습 주제를 제공한다. IB PYP 교육은 지역 및 국가 표준 교육 커리큘럼 기준을 충족하며 변화하는 세상을 탐색하는 필요 역량을 개발하도록 돕는 프로그램이다.

04

교과목과 개념을 연결하자

PYP 초등 과정은 개념 기반 학습을 강조한다. 개념은 교사가 수업을 설계하는 데 필요한 도구가 된다. 주요 개념은 7가지로, 탐구 주제학습(UOI)을 개념적으로 이해하도록 돕는다. PYP 초등과정에서 초학문적 학습과 교과 학습에 개념을 적용하기 쉽도록 7가지 핵심 개념을 정의하고 있다. 7가지 핵심 개념은 주요 질문을 구성하며 주요 개념을 더 자세히 탐구하기 위한 관련 개념(Related concepts)들로 구성되어 있다.

주요 개념(Key concepts)	주요 질문
형태(Form)	이것은 무엇인가?
기능(Function)	이것은 어떻게 작동하나?
원인(Causation)	왜 이런 것일까?
변화(Change)	이것은 어떻게 변화하나?
연결(Connection)	다른 것들과 어떻게 연결되나?
관점(Perspective)	당신의 견해는 무엇인가?
책임(Responsibility)	우리의 책임은 무엇인가?

◆ 개념(Concepts)의 특징

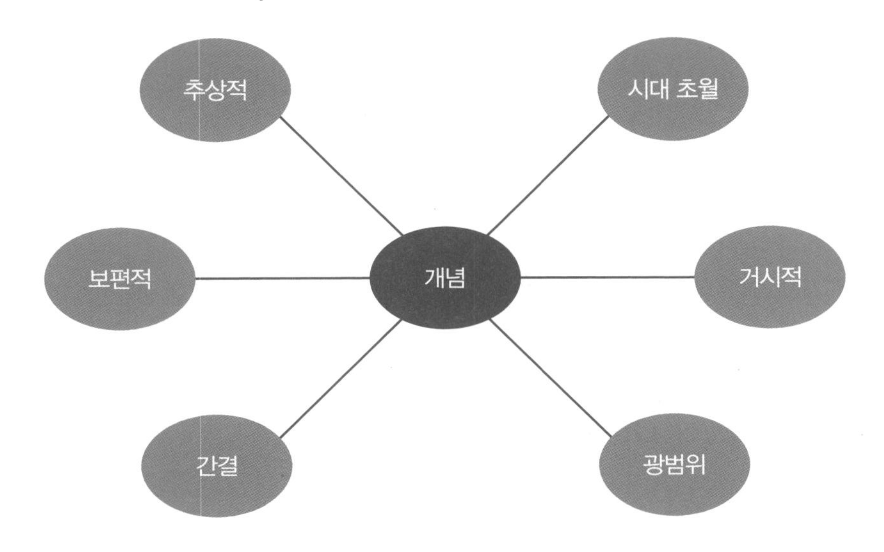

◆ 개념기반 학습(Concept-based Learning)

학생들은 다양한 탐구를 통해 맥락 안에서의 개념적 의미를 깊이 살펴볼 기회를 갖는다. 이러한 개념들을 학습하며 다른 사람들의 관점에서 사고하고 다름을 이해하며 반복되는 양식을 발견한다. 이 반복된 양식은 다른 학습으로 전이되며 포용적 사고력을 기르게 한다. 또한 다른 학습으로 전이된다.

개념기반 학습의 장점

1. 문제의 본질을 파악하도록 돕는다.

이것은 무엇인가? 왜 그런 것일까? 등 개념적 질문을 하며 문제의 본질이 무엇인지 파악하도록 한다.

2. 과목에 국한되지 않는 이해력을 기를 수 있다.

사회 과목에서 역사적 사건을 탐구하며 학습한 '변화'와 '관점'의 개념은 과학 과목에서 지구 생태계와 자원을 탐구할 때 적용하여 생태계의 '변화'를 보는 다양한 '관점'을 이해할 수 있다.

3. 학문적 깊은 이해와 사고 역량을 기르게 한다.

4. 핵심 개념은 탐구 주제 목록을 학습하는 틀을 마련한다.

핵심 개념을 통해 탐구 주제를 학습하고 조사하며 초학문적 학습의 중심 주제를 비판적으로 생각할 수 있는 힘을 기른다. 광범위하고 무한한 질문의 답을 찾고 비판적 사고를 하며 깊은 사고 역량을 기른다. 핵심 개념의 대표적 질문들은 매우 철학적이다. 정답을 가르치지 않고 계속해서 스스로 질문하고 답을 찾도록 한다.

주요 개념은 학습 경험을 일으키는 원동력이며 초학문적 주제의 탐구 단원(Unit of inquiry)의 틀을 만드는 데 도움을 준다. 학생들은 중심 생각의 주요 개념을 파악하고 탐구함으로써 비판적으로 생각하는 법을 배운다. 학생들에게 광범위하고 열린 질문을 함으로써 개념적 사고를 하도록 한다. 개념은 일련의 질문들로 볼 수 있으며 탐구의 목적을 찾도록 돕는다. 따라서 개념적 학습은 개념적 질문에서 시작하도록 한다.

◆ 개념 기반 학습의 예

초학문적 주제: '우리 모두의 지구'

중심 생각 : '우리의 행동은 지구의 자연 생태의 지속가능성에 영향을 준다.'

주요 개념 : 원인, 변화, 관점

관련 개념 : 형태, 적응, 생존

탐구 주제 목록: 1. 환경적 문제(원인)–[형태]

2. 환경 적응(변화)– [적응]

3. 지속가능성을 위한 우리의 책임(관점)– [생존]

초학문적 주제 중 '우리 모두의 지구'를 학습한다고 가정해보자. '우리의 행동은 지구의 자연 생태의 지속가능성에 영향을 준다'는 중심 생각으로 탐구를 한다. 주요 개념인 '원인'은 자연 환경 문제에 대해 탐구하도록 적용할 수 있다. 또 다른 개념인 '변화'는 환경에 적응하는 인간과 동물 탐구에 적용된다. 또한 '관점'을 통해 지속가능한 지구를 위한 책임에 대해 탐구할 수 있다.

위 3가지의 개념을 더 자세히 탐구하기 위해 '관련 개념(related concept)'이 필요하다. 광범위한 개념과는 다르게 관련 개념은 초점이 좁혀져 있다. 예를 들어 '변화'와 연결된 관련 개념은 '적응'이 될 수 있고 '책임' 개념과 관련된 개념으로 '생존'이 된다.

주요 개념과 관련된 관련 개념은 국가 커리큘럼 및 교과서에서 도출할 수 있으며 무한하게 연결될 수 있다. 이렇게 주요 개념과 관련 개념을 연관시켜 초학문적 주제의 개념적 이해가 이루어진다.

◆ 독립 과목 관련 개념의 예

☞ 과학 – 시스템, 탐험, 지속가능성

☞ 사회 – 의식, 힘과 권리, 역사

☞ 음악 – 구조, 해석, 분류

☞ 랭귀지 – 결과, 해석, 분석

자녀의 개념적 이해와 적용을 지원하기 위해 학부모들이 할 수 있는 활동은 무엇이 있을까?

1. 비판적 사고를 촉진하도록 학생들의 호기심을 자극하고 개념적으로 생각하도록 유도한다.

2. 7가지 주요 개념과 관련된 질문을 자주 한다. 이 질문들은 답이 정해지지 않은 열린 질문이다.

3. 사고를 확장할 수 있도록 자녀와 함께 자주 대화를 나누고 사전 지식 및 기술을 학습과 연결할 수 있도록 한다.

4. 관련 개념 학습을 위해 초학문적 주제와 연관된 독립 과목들의 지식을 쌓을 수 있도록 한다.(PYP 과목군은 언어, 수학, 사회, 과학, 예술, 인성 · 사회성 교육과 체육 과목으로 나뉜다.)

5. 학습한 주요 개념이 다른 학습의 맥락에 전이되는지 확인한다.

6. 자녀가 개념적으로 사고하고 학습하도록 돕는 데 가장 중요한 것은 자녀의 학습에 관심을 갖고 이야기를 나누는 것이다. 개념적으로 사고하는 아이는 끊임없이 스스로 질문을 하고 성찰할 것이기 때문이다.

05

탐구 학습의 주인과 배움의 조력자

PYP 초등교육과정에서 학습은 탐구를 통해 이루어진다. 탐구학습은 선도적인 교육학적 접근 방식으로 학생들이 자신의 학습에 적극적으로 참여하고 학습의 주체가 되게 한다. 탐구 과정은 학생들이 자신의 목소리(Voice)를 내고 선택(Choice)하며 학습의 능동적 참여자(Ownership)가 되는 과정이다.

초학문적 학습 주제와 학생들의 관심사에 대한 탐구는 학생들이 주변 세계를 이해하고, 탐험하고, 이해할 수 있는 진정한 학습 방법이라 할 수 있다. IB 인재 학습자상인 '탐구하는 사람(Inquirer)'이 되도록 호기심을 길러주고 평생 학습에 대한 열정을 갖게 한다.

탐구 기반 학습은 크게 구조화된 탐구(Structured Inquiry)와 교사가 가이드하는 유도 탐구(Guided Inquiry), 열린 탐구(Open- Inquiry)로 나뉜다.

☞ 구조화된 탐구- 교사가 학생들이 탐구해야 할 문제를 제공하고 절차, 필요한 자료 등을 알려준다.

☞ 유도 탐구 - 구조화된 탐구와 마찬가지로 조사할 문제와 필요한 자료를 알려주지만 탐구하는 절차는 학생에게 맡기는 탐구이다.

☞ 열린 탐구 - 유도 탐구와 비슷하며 학생들 자신의 탐구를 스스로 계획한다.

탐구는 이와 같이 다양한 형태이며, 교사는 학습 상황에 맞는 탐구 방법을 선택할 수 있다. 가장 중요한 것은 '학생들이 무엇을 탐구하기를 원하는가?'에 대한 교사와 학생의 대화이다. 또한 '학생들의 학습이 어느 정도 진행되고 있는가?' 혹은 '무엇이 학생들을 앞으로 나아가게 하는가?'에 대한 답을 찾는 교사의 성찰 또한 중요하다.

탐구 기반 학습의 가장 큰 이점은 무한한 가능성을 열어준다는 것이다. 즉 처음 계획한 학습을 뛰어넘는 결과를 가져온다. 예를 들어 '우리가 속한 공간과 시간' 단원에서 '여정(journey)'에 대해 학습했다고 생각해보자. 중심 생각은 '여정은 새로운 기회로 이끈다'이다. 핵심 개념은 형태와 원인 그리고 관점이다. 학생들은 탐구에 필요한 지식을 익히지만 그것은 더 큰 이해를 위한 시작이다. 사회 관련 학습에서 인간의 제도 및 경제 제도에 대해 학습하고, 언어 시간에 서사문을 쓰기도 한다. 수학 시간에 측정하는 법을 학습하고 연도 및 계절의 이름, 수학적 어휘를 사용하여 위치와 방향을 설명할 수 있도록 학습한다. 학생들은 여정의 의미와 종류를 파악하고 여정을 계획하고 그 영향을 살펴보고 여정의 원인을 파악한다. 또한 특정 여정에 대한 다른 관점을 이해한다.

이 단원에서 학습한 개념적 이해는 '우리 모두의 지구' 단원에서 '제한된 자원을 다른 생물과 나누는' 초학문적 학습주제를 학습할 때 적용이 가능하다. 제한된 자원의 형태와 종류, 자원 고갈의 원인 그리고 자원을 공유하는 문제에 대한 다른 관점을 생각해볼 수 있다.

교육 공동체의 구성원인 교사, 학생, 학부모, 지역사회 모두 탐구과정에서 의미 있는 역할을 할 수 있다. 학생들의 탐구는 탐구에 그치지 않고 행동이 따른다. 탐구를 통해 학생들은 학습에 책임감을 갖게 된다. 자신의 사전 지식이나 경험을 바탕으로 탐구학습을 하고 자신의 생각을 성찰하고 수정하는 과정을 거친다. 이 모든 과정에 교사는 촉진자(Facilitator)이다. 학생들의 행동이 실제적이고(Authentic) 효과적(Effective)일 수 있도록 교육공동체 구성원들은 적극적으로 지원함으로 학생들의 학습 여정을 도울 수 있다.

탐구는 여러 단계를 거친다. 가장 대표적인 탐구 모델로 케이트 머독의 탐구 사이클을 소개한다. 이러한 사이클은 탐구 학습을 하는 동안 지속되며 모든 단계에서 성찰 과정을 거친다.

탐구 사이클(Inquiry cycle)

탐구 단계	교수 학습 활동의 예
귀 기울이기(Tuning in)	◆ 학습자들의 흥미와 호기심을 불러일으키는 과정 ◆ 학습자의 사전 지식 및 이해를 확인 ◆ 주요 개념(Key concept)과 연결 지어 생각하도록 지도 ◆ 탐구의 의의와 목적을 제공

알아내기(Finding out)	◆ 탐구 과정을 계획하고 정보를 찾기 ◆ 리서치 기술 발전시키기 ◆ 새로운 경험과 정보를 통해 호기심을 자극하기
분류하기 (Sorting out)	◆ 조사한 정보를 이해하고 의미 찾기 ◆ 질문에 답하기 ◆ 사전 지식과 연계하여 성찰하기 ◆ 깊은 이해와 새로운 사고 나타내기
더 나아가기(Going further)	◆ 조사한 자료들을 다시 살펴보기 ◆ 아직 대답을 찾지 못한 질문 살펴보기 ◆ 독립적으로 탐구하기
결론 내리기(Making conclusion)	◆ 말하려는 요점 정리하기 ◆ 발표를 들을 사람들은 누구인지 살피기 ◆ 학습한 것을 어떻게 발표할 것인지 계획하기
행동하기(Taking action)	◆ 학습한 것을 다른 곳에 적용하기 ◆ 최종 학습 평가하기 ◆ 탐구 과정을 거치며 다음 학습 목표 계획하기

성공적인 탐구는 책임감 있는 행동으로 이어지게 되고 행동은 더 나아가 추가적 탐구로 이어질 수 있으므로 '탐구 사이클'이 지속된다. 탐구 과정의 결과로 나타나는 학생들의 행동은 사회적으로 영향을 미치는 행동이 포함된다. 초학문적 주제가 학생들에게 세계적 맥락을 탐구할 기회를 제공하므로 학생들은 다양한 상황에 맞는 책임감 있는 행동을 하게 된다.

◆ 탐구학습의 조력자의 역할

– 학생들이 탐구 주제 목록(Unit of inquiry)을 학습할 때 초학문적 주제와 관련한 직업을 갖고 있거나 실제적 정보를 제공할 수 있다면 부모도 전문가로 자녀의 학습 여정에 참여하여 도울 수 있다. 예를 들어 학생들이 몸의 기관들에 대해 학습을 한다면 의사로서 전문가적인 지식을 제공할 수 있을 것이다.

– 학생 발표회(Exhibition)를 할 때 멘토가 되어 조력자로 나설 수 있다. 초학문적 학습 주제에 맞는 중심생각과 탐구 주제 목록에 관심을 갖고 대화를 나눈다. 필요한 자료나 정보를 구할 수 있는 곳을 이야기 나누거나 탐구에 필요한 관련 기관을 연결할 수 있다.

– 학생들이 탐구 과정에 더욱 호기심을 갖도록 장려한다. 관심을 갖고 들어주며 열린 질문을 한다.

– 학생들에게 필요한 리서치 기술이나 대화의 기술을 보여준다. 넘쳐나는 정보들 중에 필요한 자료를 찾고 이해할 수 있는 방법을 함께 이야기 나눌 수 있다.

– 학생이 탐구 학습 후 행동(Action)을 하는 경우 든든한 지지자가 되어 함께 참여한다. 학교, 지역사회 혹은 세계적으로 중요한 행동이 될 수

있다. 이러한 행동은 학생들이 국제적인 마인드를 가지고 평화롭고 더 나은 세상을 만드는 데 조력하는 세계 시민으로 성장하게 한다.

- 질문하는 문화를 만든다. 학생들의 질문을 주의 깊게 듣고 답을 찾아야 한다. 학생들이 질문하는 것을 두려워하지 않는 분위기를 조성하는 것이 중요하다. 질문을 통해 학생과 교사는 사전 지식과 탐구할 내용을 연결 짓고 실질적인 탐구 과정에 참여할 수 있다.

PYP 초등교육과정은 탐구를 기반으로 개념적 이해를 통해 이루어진다. 탐구 기반 학습에서 학생들은 끊임없이 질문하고 조사하고 성찰하는 과정을 겪는다. 탐구를 통해 지식을 쌓고 개념적으로 세상을 이해하고 학습에 접근하는 기술(ATL)을 발전시킨다. 학생들은 탐구 과정을 통해 스스로 자기 효능감을 기르고 러닝 커뮤니티 일원들과 긍정적인 관계를 이끌어낸다.

"변화하는 환경은 학생들에게 탐구할 만한 매우 좋은 기회를 줍니다. 학생들이 매일 변화를 학습하고 추측하고 관찰하고 기록할 수 있는데 우리는 왜 학생들에게 과목에 한정된 탐구만을 제공해야 하나요?"

– 케이트 머독(Inquiry– noticing and the changing seasons)

06

초학문적 탐구의 틀 - 연간 탐구 프로그램

탐구 프로그램(POI)은 초학문적 탐구 주제의 '빅 픽처'이다. 초학문적 탐구 주제를 어떻게 학습할 것인지에 대한 청사진 같은 것이다. 그러나 이 청사진은 고정되어 있지 않고 계속해서 업데이트가 된다. 그 답은 교사와 학생이 함께 찾아간다.

답을 찾는 과정이 바로 탐구(Inquiry)이고 답을 찾기 위해 주제를 개념적(Concepts)으로 이해하고 학습하도록 돕는 것이 탐구 프로그램이다.

학습한 지식을 다른 상황에 적용하기 위해 필요한 활동(Action)이 무엇인지 정의하고 주도(Agency)한다. 이것이 초학문적 학습이다.

탐구 프로그램은 인간의 공통성을 탐구하므로 학생들이 어떤 민족이나 문화 집단에 속하든 상관없이 일관되게 중요하다.

◆ 탐구 프로그램을 구성하는 핵심 요소

– 중심 생각(Central idea) – 학생들의 초학문적 주제의 개념적 이해를 돕고 초학문적 주제의 탐구 단원(Unit of inquiry)의 틀을 제공하는 큰 아이디어이다.

– 개념(Concepts) – 주요 개념(Key – concepts)과 관련 개념(Related– concepts)은 탐구 프로그램에 꼭 들어가야 할 요소로 중심 생각과 관련된 지식을 습득하기 위한 높은 차원의 사고를 하는 새로운 눈을 제시한다.

– 탐구 주제 목록(Lines of inquiry) – 탐구를 정의하는 문장이나 절

◆ 탐구 프로그램의 탐구 단원 예시

– 탐구 주제 테마 : 우리가 속한 시간과 공간 Where we are in time and place?

– 중심 생각 : 지구의 지리학적 환경은 인간의 이동에 영향을 준다.

– 주요 개념 : 형태, 연결, 원인

– 관련 개념 : 지리, 정착지, 이주

– 탐구 주제 목록 : 1. 인간의 이주(형태) – [지리]

2. 지리학적 환경과 정착(연결) – [정착]

3. 인간의 이주(원인) – [이주]

◆ 연계 과목: 사회, 수학, 언어

초학문적 탐구 단원을 학습하는 데 연계 과목들은 중요한 역할을 한다. 초학문적 탐구 주제의 학습을 지원하는 과목은 언어, 수학, 사회, 과학, 예술, 인성 · 사회성 교육과 체육이다. 과목들의 연계 및 이해는 초학문적 탐구를 더욱 깊게 탐구할 수 있도록 한다. 탐구 주제를 살펴보자. 중심생각에서 '지리학적 환경'과 '인간의 이동'이라는 탐구 주제가 유추되며 탐구 주제 목록(1~3)이 된다. 탐구 주제 목록 1, 2는 사회와 수학을 연계하여 탐구하고 목록 3은 인간의 이주 사유에 대하여 글을 쓰는 언어 과목과 연계가 가능하다. 특정 교과목을 연계한 탐구 수업은 미리 교사가 계획을 하거나 탐구 주제 목록을 학습하며 자연스럽게 연계할 수도 있다.

탐구 프로그램을 조직할 때 보통 초학문적 주제를 수평으로 나열하고 중심생각 개념 등을 수직으로 조직한다. 학교에 따라 적합한 양식으로 조직하기도 하며, 조직에 필수로 들어가는 사항을 포함하면 된다.

◆ 탐구프로그램 예시 틀

	우리는 누구인가?	우리가 속한 공간과 시간	우리 자신을 표현하는 방법	세계가 돌아가는 방식	우리는 우리를 어떻게 조직하는가?	우리 모두의 지구
1학년						
2학년						
3학년						
4학년						
5학년						
6학년						

◆ 3학년의 탐구 프로그램 예시

우리는 누구인가?	◆ 탐구 기간: 2022.3.1.~4.31 ◆ 중심생각: 생물은 변화하는 자연 환경에 적응한다. ◆ 개념: 형태, 연결, 변화 ◆ 관련 개념: 상호의존, 육체 · 사회적 적응 ◆ 탐구 주제 목록: 1. 생물은 여러 방식으로 모인다. 2. 환경의 여러 구성요건은 연결되어 있다. 3. 인간은 어떻게 변화하는 환경에 적응하나? ◆ 연관 과목: 언어, 과학, 수학, 체육 및 인성
우리가 속한 공간과 시간	◆ 탐구 기간: 2022.5.1.~6.15 ◆ 중심생각: 개인의 역사는 과거와 현재가 어떻게 연결되어 있는지 성찰하게 한다. ◆ 개념: 연결, 원인, 관점 ◆ 관련 개념: 연대, 영향, 증거 ◆ 탐구 주제 목록: 1. 개인의 역사 2. 사건의 영향 3. 과거를 알려주는 증거 ◆ 연관 과목: 국어, 사회, 수학, 체육 및 인성, 영어
우리 자신을 표현하는 방법	◆ 탐구 기간: 2022.6.16.~7.24 ◆ 중심생각: 사람들의 가치와 신념은 삶에 반영된다. ◆ 개념: 관점, 형태, 원인 ◆ 관련 개념: 신념과 가치,문화, 선택 ◆ 탐구 주제 목록 1. 신념과 가치에 영향을 주는 사항 2. 문화적 신념의 유사성과 다른 점 3. 신념과 가치를 어떻게 표현하나? ◆ 연관 과목: 국어, 과학, 음악, 사회, 체육 및 인성, 미술
세계가 돌아가는 방식	◆ 탐구 기간: 2022.8.25.~9.31 ◆ 중심생각: 재료는 다양한 특성을 가지고 있으며, 이것은 우리가 그것들을 어떻게 사용하는지 결정한다. ◆ 개념: 기능, 변화, 원인 ◆ 관련 개념: 행동, 상태의 변화, 혁명 ◆ 탐구 주제 목록: 1. 재료의 기능 2. 재료 특성의 변경 3. 용도에 맞게 재료를 선택하는 방법 ◆ 연관 과목: 언어, 과학, 체육

우리는 우리를 어떻게 조직하는가?	◆ 탐구 기간: 2022.10.1.~11.30 중심생각: 사람들은 서로를 지지할 지속 가능한 조직을 만든다. ◆ 개념: 책임, 연결, 원인 ◆ 관련 개념: 서비스, 상호의존성, 영향 ◆ 탐구 주제 목록 1. 기관(조직)의 목적 2. 기관내 사람들의 역할 3. 성공적인 기관 ◆ 연관 과목: 언어, 사회
우리 모두의 지구	탐구 기간: 2022.12.1.~1.31 ◆ 중심생각: 사람들은 생명 유지를 위해 지구의 보존 및 자원의 분배에 영향을 준다. ◆ 개념: 형태, 기능 책임 ◆ 관련 개념: 주기, 분배, 지속가능성 ◆ 탐구 주제 목록 1. 물의 순환 2. 물의 분배 및 접근성 3. 지구에서의 지속가능한 삶 ◆ 연관 과목: 언어, 사회, 과학, 수학

탐구 프로그램은 연간 학습 계획표라고 볼 수 있다. 학교 학생들은 광범위하고 균형 잡힌 개념적으로 연결된 학습을 할 수 있게 된다. 탐구 주제는 학년에 따라 다른 시기에 학습할 수 있다. '우리는 누구인가?' 탐구 주제를 모든 학년들이 매년 학습하지만, 학습 내용과 수준은 학년에 따라 다르고 그 기준은 학습 범위와 순서(IB Scope and Sequence)를 고려하여 작성할 수 있다.

탐구 프로그램을 계획하고 조직하는데 가장 중요한 것은 '협업

(Collaboration)'이다. 교사들의 협력뿐만 아니라 학생, 학습 공동체 모두 참여하는 협력이 중요하다. 학교 공동체의 문화적 다양성과 학습 환경 및 지역의 특성 등을 포함하여 계획해야 한다. 또한 학사연도 내내 검토하고 다듬는 방식을 취해야 한다. 탐구 프로그램의 검토를 위해 보통 1년 중 특정 시기에 모든 교사가 함께 모여 회의를 한다. 학교에 따라 다양하게 탐구 프로그램의 검토 방법을 결정할 수 있다. 연간 탐구 프로그램(POI)을 학교에 전시하고 커뮤니티 일원의 의견을 적극 반영할 수 있는 제도를 마련하는 것이 좋다. 탐구 프로그램을 검토할 때 학생들이 자신의 배움에 주체성을 가지고 성찰하도록 '에이전시'를 장려해야 한다. 전시된 탐구 프로그램에 학생들의 질문이나 의견을 공유할 수 있는 방법을 알려주고 적극적으로 참여할 수 있는 분위기를 마련해주어야 한다.

탐구 프로그램의 발전에 교육공동체의 일원으로 참여할 수 있는 방법은 무엇이 있을까?

– 구성주의(Constructivism) 교육자들의 이론에 따르면 학습은 학습 이전의 개념을 토대로 학습이 진행된다. 즉 자신의 경험으로부터 지식과 의미를 구성해낸다는 이론이다. 학생들이 각 가정에서 체험하는 모든 경

험은 학교에서 하는 탐구 프로그램의 개념적 이해를 촉진한다. 따라서 다양한 경험을 쌓으며 질문과 성찰하는 것을 지원해주어야 한다.

– 학생들은 초학문적 주제의 탐구를 원활하게 하기 위한 지식의 습득을 위해 특정 과목의 지식(언어, 수학 연산 등)의 학습을 지속해야 한다. 탐구 프로그램의 학습 목표를 성취하기 위해 필요한 학습 접근법 ATL 기술을 습득하도록 지원한다.

– 탐구 프로그램의 검토에 직접 참여할 수 있다. 자녀가 탐구한 중심 생각이나 탐구 주제 목록에 대한 의견을 낼 수 있다. 학년별 수준에 맞는지, 탐구 기간이 적당한지, 중심 생각이 초학문적 주제의 개념적 이해를 촉진하였는지 등 적극적으로 자녀의 배움의 여정에 관심을 갖는다.

– 탐구 프로그램이 실제적(Authentic)이고 세계적으로 중요한 문제를 다루도록 지역 사회의 자원 이용에 협력할 수 있다.

07

IB 교육의 필수 - 배움에 접근하는 방법

ATL이라 줄여서 통용되는 학습 접근법은 교수 접근법(ATT)과 더불어 IB 전 프로그램에서 매우 중요하게 다루는 기술이다. 이는 학습자가 '어떻게 학습하는지 학습하는 것'이 학습의 기초라는 믿음에서 출발한다.

배움의 접근법은 크게 5가지로 분류된다. 이 5가지 기술은 3세부터 19세까지 모두 갖춰야 할 필수 기술이나 PYP 학생들에게 적합한 방식으로 해석하고 적용하도록 해야 한다. 즉 초기 학습자들이 이 기술을 사용하는 진정한 학습을 경험하도록 다양한 기회를 제공해야 한다.

5가지 기술	정의
생각하는 기술 Thinking skills	학생들이 비판적, 창의적으로 사고하는 데 필요한 기술을 말한다. 문제를 분석하거나 평가할 수 있고 새로운 아이디어를 창출하는 데 필요한 기술이다.
리서치 기술 Research skills	학생들이 연구 기술을 개발하고 문서화하는 데 필요한 기술로 정보활용 능력 및 미디어 리터러시, 미디어 정보의 윤리적 이용 등이 포함된다.
의사소통 기술 Communication skills	학생들이 의사소통하고 정보를 교환하는 데 필요한 기술로, 읽고 쓰는 문해력뿐만 아니라 기술을 사용하여 정보를 수집하고 소통하는 기술을 포함한다.
사회적 기술 Social skills	학생들이 사회성을 기르고 상호작용하는 데 필요한 기술이다.
Self-management skills 자기관리 기술	학생들이 학습을 모니터링하고 관리하는 데 필요한 기술로 시간을 관리하는 조직 기술과 더불어 올바른 정신을 갖는 기술을 포함한다.

학생들은 ATL 스킬을 통해 자신의 학습의 주도권을 갖게 되며, 학습(Learning)은 '가르침에 대한 반응'이 아니라 자신의 학습을 주도하는 인지적, 초인지적 스킬과 태도를 갖추게 된다.

이 기술은 학생이 효과적으로 생각하고, 연구하고, 소통하고 사회성을 기르며 자신을 관리할 수 있도록 돕는다.

PYP 초등학생들이 ATL 기술을 습득하고 학습자상(Learner profile)의 태도를 갖춘다면 자신의 학습을 이끌어가는 주체가 된다. 즉 학습 목표를 스스로 정할 수 있고 동기를 부여하며 꾸준히 학습하는 태도를 갖게 된다. 자신의 배움의 여정에 학습 주체로 나서며 끊임없이 자신을 성찰하고 나아가는 아이가 된다.

실제 IB 교육과정을 통해 학습하는 학생들은 자기주도적 학습 태도가 자연스럽게 내재되는 것을 볼 수 있다. 스스로 자신의 학습을 평가하고 다음 목표를 정하거나 수정할 수 있고 어려움에 직면했을 때 회복탄력성이 뛰어나다.

이 기술들은 실제 상호 연결되어 있으며 보조 기술을 습득하기 위해 한두 개의 ATL 기술이 함께 쓰이기도 한다. 예를 들어 정보를 교환하고 분석하기 위해 리서치 기술과 커뮤니케이션 스킬이 필요하거나, 자기 자신의 시간을 관리하거나 업무를 효과적으로 하기 위해 자기 조절 기술 및 생각하는 기술이 필요하다.

교실에서 ATL 기술을 습득하기 위해 어떠한 활동을 할 수 있는지 살펴보자.

1. 교사들이 초학문적 단원을 기본으로 연간 탐구 학습(POI)을 계획할

시 단원과 관련 과목을 학습하면서 필요한 기술들을 명시하고 실천할 수 있는 학습 계획을 짠다. 탐구 주제 목록(Lines of inquiry)을 정하고 이에 필요한 기술을 습득할 수 있는 기회를 마련한다.

2. 각 학생들의 특성을 파악하고 필요한 기술을 발전시키기 위한 개별 활동을 계획하고 지원한다.

3. 교실 내 탐구 협동 수업을 할 때 필요한 ATL 기술을 잘 습득할 수 있는 모둠을 형성하고 모니터링한다.

4. 교사나 부모 스스로 학생들에게 ATL 스킬을 사용하는 모범을 보인다.

5. 학생들이 ATL 기술을 습득한 후 다른 학습에 적용할 수 있도록 교사는 알맞은 피드백을 제공하고 모니터링하고 기록하며 학생의 다음 학습 목표 결정에 함께 참여한다.

6. 학기 초 우리의 다짐(Essential agreement)을 계획할 때 ATL 기술을 포함한다.

그렇다면 학생들은 이 ATL 기술을 익히기 위해 어떤 활동을 할 수 있을까? 5가지 기술을 습득하기 위해 사용하는 보조 기술들은 개인에 따라 혹은 학교에 따라 달라질 수 있다는 것을 명심하자. 학교의 상황에 맞는 보조 기술들을 수립하여 실천할 수도 있다.

ATL 기술과 보조 기술 예시

기술	보조기술
생각하는 기술	지식 습득, 응용, 창의적 사고, 이해
리서치 기술	자료 수집, 관찰, 정보 활용 능력
의사소통 기술	듣기, 말하기, 읽기, 쓰기, ICT 기술
사회적 기술	협력, 갈등 해결, 책임의식
자기조절기술	마음챙김, 시간관리, 생활양식

교실에서 여러 활동을 통해 ATL 기술들을 익히는 것도 중요하지만 모든 배움의 사회 일원들 또한 ATL 기술과 보조 기술을 끊임없이 습득하는 자세를 갖는 것도 매우 중요하다. 초등학생이 필요한 ATL 기술의 수준이 성인의 수준과는 다를 수 있다. 그래서 자녀의 학습 맥락 안에서 필요한 적합한 기술과 기술의 정도를 파악하여 진정한 학습 기회를 마련하게 하는 것이 매우 중요하다. 또한 습득한 기술을 다른 상황에 적용할 수 있도록 격려하도록 한다.

'생각하는 기술'을 습득하도록 자녀에게 충분히 생각할 시간을 주고 사고를 확장할 수 있는 질문을 하는 것이 좋다. 또한 배움의 여정 모든 단계에서 자신 스스로 성찰할 수 있는 시간을 주자. '리서치 기술'을 습득하도록 올바른 미디어 사용법을 익히게 하고 신뢰할 수 있는 정보를 구별할 수 있도록 지원한다. '의사소통 기술'을 습득하도록 자녀와 의사소통하는 시간을 늘린다. 다양한 언어를 사용하도록 지원하고 자녀가 다양한 관점을 탐구하도록 장려해야 한다. '사회적 기술'을 습득하기 위해 부모는 자녀의 롤모델이 되어야 한다. 학생들이 사회성을 연습할 수 있는 기회를 제공하고 성찰하는 법을 가르쳐야 한다. '다름'이 '틀리지' 않다는 것을 이해할 수 있도록 많은 대화를 하자. '자기 조절 기술'을 습득하도록 자녀와 함께 목표를 계획한다. 스스로 도전이 되는 어려운 상황을 인식하고 목표를 달성하기 위해 노력하는 아이는 IB 인재상인 '도전하는 사람', '원칙을 지키는 사람'이 될 수 있다.

PYP 초등과정, MYP 중등 과정 및 DP 고등 과정을 거치는 동안 학생들은 엄격한 교육과정을 마치며 배움의 기술(ATL)을 습득하게 된다. ATL 기술은 우리의 자녀가 21세기 인재로 사회에 첫발을 내디딜 수 있는데 도움을 주는 강력한 도구이다.

'Zaandam?'
'Geen een.'
'Geen een?'
'Zaandam ligt daar!' Ik wees in de vierde richting.
'O, dus nu weet je het wel precies?'
'Nee, niet precies.'
'Jammer, want ik zou het toch wel graag precies weten.'
'Het spijt me.'
Rechts van de weg naar Nieuwendam lag een lage polder
welvarende boerderijen, wat boomgaarden en kaarsrechte
ten. Hij had er geen aandacht voor. Bij de afslag naar
ren bleef hij staan. 'Dus deze weg gaat naar Zaandam?'
'Ongeveer.'
'Ja, ongeveer!' zei hij gelaten.
We voeren in de vroege avond met de Heen en
naar het Damrak. Het begon al
was vol boten en bootjes die in al
voer een lege pont met
met pijp en pet hoog
op het dek.
dorp bleef hij staan. 'Welke weg gaat nu naar
de grond, brachten de sleutel terug
Je weet het niet zeker!'
Dat is het nu juist.'
Maar je weet het niet

naar het platform boven op de toren. Om ons heen lag Water-
land, half verborgen in de nevels, in een eindeloze ruimte.
'Kun je van hier af ook zien waar Zaandam ligt?' vroeg hij.
'Nee.'
'En als het helder was?'
'Ik denk dat je het dan wel zou kunnen zien.'

3장

IB 교육이 바꾼 교실, 그 안에서 꿈을 꾸는 아이들

01

주입식 교육에서
탐구 교육으로
전환하라

"Tell me and I forget

Teach me and I remember

Involve me and I learn."

나에게 말해준 것은 잊게 될 것이고 가르쳐준 것은 기억하겠지만,

내가 직접 참여하면 배우게 될 것이다.

– 벤자민 프랭클린(Benjamin Franklin)

벤자민 프랭클린의 인용문은 탐구 교육의 중요성을 대변하고 있다. 학생들은 교사의 강의를 듣고 사실을 암기하는 것보다 학습 활동에 직접 참여하여 자신의 지식을 쌓을 때 진정한 학습이 이루어진다는 의미이다.

탐구 중심 교육은 구성주의 존 듀이의 교육 이론을 기반으로 발전되었다. 경험을 통해 자신의 지식을 구성하고 성찰한다는 이론이다. 아이들은 태어나 세상을 이해하기 위해 끊임없이 질문을 하고 답을 찾으려 노력하며 얻은 지식을 평가하고 새로운 맥락에 적용한다. 이 과정을 반복하면서 학생들은 모든 과목에 대해 진정한 연구 지향적인 탐구 자세를 갖게 된다.

◆ 케이트 머독의 인콰이어리 사이클

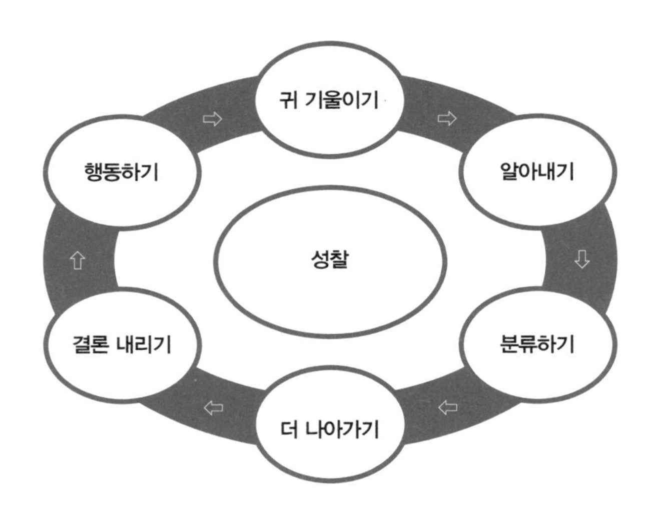

그렇다면 탐구 기반 학습은 어떻게 계획할까?

1. 탐구 기반 학습 계획에서 가장 중요한 것은 학생들이 배움의 여정의 방향을 아는 것이다. 탐구의 계획에 학생들이 활발하게 참여하도록 해야 한다는 의미이다. 이 탐구를 통해 무엇을 성취하기를 원하는지 학생들은 명확하게 알아야 한다.

2. 학생들이 탐구에 진정성 있게 참여하게 하기 위해 관심을 유도하는 자극을 계획해야 한다. 학습 단원에 흥미를 가지고 동기를 북돋을 수 있는 계기를 주어야 한다.

3. 탐구할 단원의 수준이 너무 높거나 낮지 않도록 해야 한다. 너무 어렵거나 쉬운 주제의 경우 진정한 탐구가 이루어지기 어렵다. 맥락에 맞는 탐구의 적절한 틀과 방향을 제시해준다.

4. 탐구 기반 학습에서 가장 중요한 '협업' 문화를 만들어야 한다. 학생 중심의 교실에서 더욱 활발한 질문이 이루어지고 협업이 가능하다. 유태인 교육의 중심인 하브루타 교육에서 말하는 묻고 답하기 과정의 중요성이 여기 있다. 내가 아는 것과 모르는 것을 인지함으로 진정한 탐구의 방향이 정해진다.

5. 탐구의 과정에 학습의 성찰과 평가 과정이 꼭 포함되도록 한다. 평

가의 목적은 크게 4가지로 나뉜다. 학습을 모니터링하고, 학습의 증거를 기록하고, 학습의 질을 측정하며 학습을 보고하기 위해 평가를 한다. 이 과정에 학생이 참여하도록 하는 것이 매우 중요하다.

탐구 기반 학습의 예 - 교사 안내 학습에서 학생 중심 탐구 학습으로

교사T는 '우리는 어떻게 우리를 조직하나?' 단원에서 도시의 기능에 대한 탐구를 계획하고 있다.

탐구를 시작하기 전 교사T는 학생들의 흥미와 학습 동기를 유발하기 위해 단원과 관련한 많은 사진 자료 및 탐구와 관련된 실제 물건들을 학생들에게 보여주었다. 바닥에 여기저기 널린 자료들을 보며 자신의 경험 및 사전 지식과 관련된 이야기를 나눈다.

"사진에 어떤 것들이 보이지?" "어떤 것에 관심이 가니?" "무엇을 학습할 것 같아?" "어떤 궁금한 점이 떠오르니?"

"학생들이 학교에 가는 사진이 있어요. 도시에 학생들이 공부할 수 있는 학교가 많이 있어요."

"이 사진을 보니 집 앞 마트가 생각나요. 엄마랑 같이 필요한 물건들을 사러 자주 가거든요."

"지하철에 사람들이 많이 타고 있어요. 가고자 하는 곳으로 이동하려면 버스나 지하철을 타기도 하고 자가용을 이용하기도 해요. 전 지난 추석에 기차를 타고 서울 할아버지 댁에 다녀왔어요."

"왜 도시에만 사람이 많을까?" "농촌과 도시의 다른 점과 비슷한 점은 뭘까?"

학생들은 여러 질문을 함께 나누었고 선생님은 학생들에게 떠오른 각자의 질문을 포스트잇에 적게 하였다.

많은 질문이 적힌 포스트잇을 칠판에 붙인 후 학생들과 함께 읽었다. 여러 질문들을 확인한 후 비슷한 분야의 질문들을 분류하고 나니 2~3개의 질문으로 나뉘었다. 이 질문들은 바로 학생들이 탐구해야 할 '탐구 주제 목록'이 되었다. 이 칠판은 'Wonder wall'이라 불리며 탐구하고자 하는 궁금한 목록이 한눈에 볼 수 있도록 분류했다.

탐구 주제 목록인 재화와 서비스 탐구를 학생들의 흥미에 맞춰 시작했다. 그러나 학생들의 흥미 위주로 탐구가 흘러가도록 두기보다는, 학생들이 이번 탐구 주제에서 꼭 학습해야 할 성취 기준을 고려하여 학생들의 탐구 방향을 안내했다. T 선생님은 학생들의 탐구가 진행되는 과정 동안 학생들이 탐구에 필요한 ATL 기술을 학습하고 성찰하여 지식을 쌓을 수 있도록 자주 질문하고 성찰하도록 지원했다.

학생들의 학습 목표 성취를 위한 학습 성취 기준(Success criteria)을 작성하는 데 큰 도움이 되는 것은 학생들의 질문과 탐구 주제 목록이다. 교사는 학생들이 탐구하는 과정 동안 성취 기준을 확인하고 성찰할 수 있도록 교실에 전시하였다. 학생들은 매주 'Circle time'을 통해 자신의 탐구 과정에 대해 친구들과 이야기를 나누고 자신의 지식을 점검했다. 선생님은 간단한 사고 체계화 단계(Thinking routine)를 통해 학생들의 탐구를 모니터링하기도 했다.

학생들은 탐구 주제 목록 중 도시의 서비스와 관련하여 실제 도시에서 제공되는 서비스의 종류를 분류하고 가장 많은 관심을 갖는 교통 서비스에 대해 알기 위해 교통 박물관을 방문했다. 박물관장인 학생의 아버지께서 도시의 교통과 역사에 대해 생생하게 설명해주었다.

학생들은 박물관을 견학한 후 도시 교통의 역사와 종류에 대한 타임라인을 작성하고 설명문을 썼다. 자신의 글을 친구들 앞에서 발표하고 느낀 점을 공유했다. 또한 학생들은 새로운 탐구 목록인 도시 기능의 변화와 관련하여 현재 지역 사회 서비스 관련 문제점과 해결점에 대해 토론을 했다. 어떠한 행동을 취하여 지역사회가 더욱 편리한 도시를 만들 수 있는지 고민하고 함께하는 행동을 계획하고 실천했다.

탐구기반 학습은 학생들의 학습 경험을 향상하고 비판적 사고를 촉진한다. 또한 학생들이 학습에 좀 더 흥미를 갖고 참여하게 되는 장점이 있고 토픽을 좀 더 깊이 이해할 수 있도록 도와준다. 그러나 앞의 탐구기반 학습의 사례에서 보듯, 탐구기반 학습은 교과서 중심 교사의 강의로 이루어지는 학습보다 훨씬 많은 연구와 계획이 필요하다. 탐구할 주제에 대한 교사의 충분한 이해와 지식이 동반되지 않는 탐구 계획은 생산적이지 못한 탐구 결과를 가져온다. 또한 자신의 의견을 자유롭게 표현하지 못하는 학생들의 경우 탐구에 적극적으로 참여하지 않기도 한다.

"Children do not need to be made to learn because each child is born with what Einstein called 'the holy curiosity of inquiry."

아이들은 주입식 교육을 할 필요가 없다. 그들은 각자 아인슈타인이 말한 '탐구에 대한 진정한 호기심'을 가지고 태어나기 때문이다.

– 존 홀트

우리의 자녀는 타고난 호기심을 가지고 있다. 이 호기심은 주변에서

벌어지는 모든 일들에 관심을 갖고 경험하게 한다. 이 경험을 통해 아이들은 배운 것을 이해한다. 탐구 기반 학습은 학생들이 개념적이고 고차원인 질문을 통해 기존 경험과 지식을 연결하고 문제를 해결하는 학습 접근법이다. 배움 공동체인 교사와 부모는 아이들이 기존 지식을 새롭게 경험할 수 있는 적절한 경험을 제공해야 한다. 탐구 학습을 통해 배운 경험과 지식은 자신과 지역사회 공동체를 이해하고 세계적 맥락을 연결하는데 전이되기 때문이다.

02

학생들이 원하는 학습 환경과 교실을 스스로 설계한다면?

학습 환경은 단순하게 교실을 말하는 것이 아니라 학생들이 안전하게 느끼고 지원을 받으며 지식을 추구할 수 있는 공간이며 또한 학습의 영감을 받는 곳을 말한다. 국제학교마다 특징적인 시설과 환경이 있어 IB 비전을 실천하고 진정한 글로벌 리더로 성장시키기 위한 학습 환경을 제공한다.

그러나 IB 교육을 기존의 시설과 환경에서 실시해야 하는 공교육 현장은 현실적으로 많은 제한이 있을 것이다. 많은 자원을 필요로 하지 않으면서 학생들이 IB 교육의 미션과 비전을 실천할 수 있는 학습 환경은 어떻게 만들 수 있을까?

20세기 교실의 21세기 인재들

30년 전 교실 환경을 되돌아보자. 교실에 빽빽하게 책상들이 줄지어 놓여 있다. 교실 앞에는 교단이 있고 선생님의 교탁이 있다. 강의 중심 20세기 교육의 전형적인 교실 환경이다. 칠판에 교사가 필기하는 학습 내용이 적혀 있고, 학생들은 열심히 따라 적고 듣는다. 질문을 하거나 토론하는 일은 드물다.

20세기 학습 모델은 이제 그 역할을 다했다. 지식을 암기하고 시험 성적만을 위해 교사의 강의를 듣는 학습 환경과 21세기 인재를 양성하는 교육 환경은 달라야 한다.

안전하고 쾌적한 물리적 학습 공간 제공은 교실의 기본이다. 그러나 학생들의 실제적 탐구가 가능하고 탐구 과정에서의 실패와 성찰이 안전하게 느껴지는 심리적 공간을 마련하는 것이 IB 교육 실시를 위해 학습 공동체가 함께 연구해야 할 과제다.

IB 학생들은 학습 환경을 함께 만들어나가는 데 주도적인 역할을 한다. 학습 게시물이나 학생의 작품을 전시하는 공간의 계획뿐 아니라 실제 학습이 이루어지는 공간을 디자인하기도 한다. 학생들의 협업이 장려되는 공간, 창조적 · 혁신적 사고를 위한 공간의 활용 계획에 참여한다.

공간 다시 쓰기

호주의 교육자 맥 윌리암은 그의 저서 『창조적인 노동자』에서 교실미학에 대해 언급하고 있다. 어린 학생들이 배움의 공간에 들어갈 때, 그곳의 첫인상이 학생들의 학습에 영향을 준다고 한다. 이 공간에서 어떤 경험을 하게 될지 메시지를 받는다는 것이다. 교실이나 학습 환경에서 좋은 일이 일어날 것 같고 다른 사람들도 즐기는 긍정적인 공간이라는 생각을 갖는다면 그 환경에서 훨씬 더 의미 있는 학습 경험을 갖게 된다는 것이다.

그렇다면 현재 초등 공교육 현장은 어떤가? 아이들이 즐겁게 탐구하고 협동하고 성찰하는 공간을 제공하고 있는가? 네모난 물리적 공간은 한정되어 있다. 기존의 교실과 학습 환경에 IB 철학을 적용하여 어떤 변화를 줄 수 있는지 함께 연구하는 자세가 필요하다.

최근 가장 관심을 갖는 교실의 형태는 '거꾸로 교실'이다. 말 그대로 전통적인 교실의 접근이 아니라, 학생들은 교실 밖에서 비디오를 시청하거나 온라인 콘텐츠 및 교재로 학습을 한 후 교실에서는 토론을 하거나 문제를 해결하는 전략 등을 탐구하는 장으로 바뀐다. 코로나로 더욱 가속화된 온라인 수업도 교실 밖 학습 환경의 재구성을 요구하고 있다.

교육학적 이론 적용

교육 환경을 계획할 때 디자인적 요소 및 자원과 더불어 중요하게 생각해야 하는 것이 교육학적 이론이다. 구성주의 교육이론은 학생 스스로 자신의 학습을 구조화하고 의미를 찾는 것이 중요하며 개인의 경험과 사전지식이 진정한 학습을 성취하도록 돕는다고 말한다. 따라서 학생들의 자유로운 체험과 사고가 허락된 공간을 디자인해야 한다. 교육 환경을 만드는 교육공동체 일원들은 학습 환경을 디자인할 때 학생이 무엇을 성취할 것인가에 대한 목적을 정확히 하는 것이 좋다. 교육 환경 조성에 학생들의 의견을 선 반영하기는 현실적으로 어렵다. 그러나 학생들이 배움의 공간의 재구성 및 활용에 스스로 목소리를 내고 선택할 수 있는 기회를 주어야 한다. 그렇게 주체적으로 계획한 학습 환경에 대해 학생들은 더욱 책임감을 갖게 되며 학생들에게 진정으로 의미 있는 공간이 된다. 이러한 공간에서 학생들의 적극적인 성찰과 활발한 탐구가 일어나게 된다.

아이들이 주인이 되는 학습 환경

그렇다면 IB PYP 교육을 위한 학습 공간은 무엇일까? 학습 환경을 고려할 때 확인해보면 도움이 될 체크리스트이다.

1. 학습이 기대되는 공간인가? - 배움이 놀이가 되고 학습에 흥미를 갖게 되는 공간인가 살펴보자. 네모난 교실에 네모난 책상이 있는 전형적인 한국 교실이라면 어떻게 변화시킬 수 있을까? 책상 높이는 모두 같아야 할까? 동그란 테이블과 카펫은 어떨까? 아이들이 눕거나 엎드릴 수 있는 공간은 있는가?

2. 학생들이 학습 공간 계획에 스스로 책임감을 갖고 참여하는가? - 학생을 믿어주자. 학습 목표를 성취하기 위해 어떠한 공간이 필요한지 토의할 시간을 주고 기다려주자. 창의적인 아이디어에 깜짝 놀랄 수 있다.

3. 탐구 학습이 적극적으로 지지되는 공간인가? - 유연한 모둠 활동이 필요한 탐구를 장려하기 위한 학습 공간을 계획해보자. 교실 한 곳만 사용하지 않고 2개의 동학년 교실을 같이 사용해보는 건 어떤가? 학습에 흥미를 갖게 하기 위해 갤러리 워크 활동을 할 때는 복도나 넓은 공간에서 하루 종일 수업을 해볼 수도 있다.

4. 학생들이 실수를 해도 괜찮은 정서적으로 안전한 곳인가? - 탐구 학습을 하려면 학생들은 질문을 하고 답을 하는 것이 필수다. 20세기 학습 공간에서 학습하는 학생들에게 학습 공간은 과연 엉뚱한 질문이나 답을 할 수 있는 안전한 곳일까? 답이 틀리면 교사의 꾸중을 듣거나 친구들에게 놀림을 받는 분위기가 아닌 열린 마음을 갖고 배려하는 친구와 선생님이 있는 공간 문화가 형성되어 있는가?

5. 개개인의 특성을 고려한 코너가 마련되어 있는가? - 초학문적 주제를 개념적 관점으로 탐구한다는 IB 언어만 들어도 힘들어하는 아이들이 분명히 있을 것이다. 아이들이 교실 내에서 편안하게 느끼고 쉴 수 있는 공간이 있어야 한다. 그 조그만 공간에서 머리를 쉬고 안정감을 느끼고 준비가 되었을 때 친구들과 협력학습이 잘 이루어진다.

6. 학습 상황에 맞게 유연하게 변형이 가능한가? - 탐구학습은 여러 형태로 이루어진다. 혼자 조사하거나 학습할 공간, 조용히 책을 읽을 리딩

코너, 소모둠끼리 카펫에 앉아 토론을 하고, 실험을 하는 공간, 모두 함께 원을 만들어 앉아서 토론을 벌이기도 하고 선생님이 탐구를 가이드하기도 한다. 이런 다양한 학습을 할 수 있도록 공간의 유연성을 갖고 있는가?

7. 지역 사회 자원을 이용하는가? – 학습은 학교와 교실에서만 이루어지지 않는다. 학교 옆 숲, 바다, 미술관 등 모든 지역 사회의 자원은 학습과 연계가 가능하다. 현장학습이나 체험학습 등은 기존 20세기 교육에서도 있었던 학습 환경이다. 기존의 현장학습이나 체험학습이 교사의 계획에 의해 실행된다면, PYP 초등교육에서는 학생들이 탐구에 필요한 체험을 스스로 고민하고 교사는 조력자가 된다. 스스로 배움에 능동적인 참여자가 되는 체험학습이나 현장학습은 그 배움의 깊이가 비교할 수 없을 만큼 깊을 것이다.

아이들이 만드는 학습

주체성(Agency)을 갖고 만든 학습 환경 안에서 원하는 학습을 계획할 수 있다면 어떨까? 아이들에게 배움은 곧 놀이가 되고, 흥미롭고 실제적인 경험을 할 것이다.

학생들이 학습 계획표를 짠다면 어떨까? 초학문적 탐구 주제를 학습할 때 2교시 동안 수업을 하기도 한다. 그만큼 탐구 학습은 많은 시간을 요한다. 학생들이 주체적으로 중심생각에 따른 탐구 주제 목록을 정하고 어떠한 탐구 방식으로(학습 접근법 ATL을 고려하여) 어디서 누구와 무엇을 얼마나 오래 탐구할 것인지 계획한다면 어떨까? 학습의 주체가 자신이 되는 새로운 경험을 하게 될 것이다. 교사는 법정 수업 시수 등을 감안하여 최대한 학생들의 자율적인 결정이 허용되도록 지원하면 된다.

교실에서 조사활동에 사용하는 디지털 기기의 올바른 사용을 위해 학생들이 디바이스 사용 규칙을 만들어 게시하는 것도 학생들이 스스로 '에이전시'를 갖는 좋은 방법이다.

"We are all responsible for our own learning. The teacher's responsibility is to create educational environments that permit students to assume the responsibility that is rightfully and naturally theres."

우리는 모두 우리 자신의 학습에 책임이 있다. 교사의 책임은 학생들이 정당하고 자연스럽게 그들의 학습에 책임을 질 수 있는 교육 환경을 만드는 것이다.

– 브룩스, 1999

모든 아이들은 긍정적인 환경에서 배우고, 학습 과정을 즐기며 그 안에서 편안하게 느낄 수 있어야 한다. 아이들이 마음 놓고 실수하며 배우고, 서로를 존중하며 행복한 하루를 보낼 수 있는 교실과 학습 환경이 IB 교육을 실천할 수 있는 곳이다.

◆ IB 교실 환경 꾸미기 리스트 예시

학교 미션과 비전
유연한 모둠 활동이 가능한 공간
우리의 다짐(Essential agreement)
초학문적 탐구 주제 정보
IB 학습자상
7개의 주요 개념
학습 접근법 ATL 기술
탐구 주제 단원 정보(중심 생각, 탐구주제목록, 주요개념, 연관 개념)
탐구 사이클
학습 목표와 성취 기준
학생들의 작품(설명과 성찰 내용 함유)
질문의 벽(Wonder walls)
학생들의 학습 포트폴리오
세계 지도
리딩 코너(교실 안 작은 도서관)
쉬는 공간(Calming area)

03

자기 효능감은 아이를 춤추게 한다

"성공하기 위해서 사람들은 삶의 피할 수 없는 어려움과 불평등을 해결하기 위해 회복력이 필요하고 이와 더불어 고군분투하는 자기 효능감이 필요하다."

– 앨버트 반두라

모국어 날개를 달고 - ○○ 이야기

초등학교 4학년 ○○이는 제주 시골 초등학교에 다니다 부모님을 따라 베트남에 있는 국제학교로 전학을 가게 되었다. 전학 간 학교는 IB 프로그램을 제공하는 학교로 전교생이 100명이 되지 않는 작은 학교였다. 부모님의 이직이 결정된 겨울 방학 동안 영어 집중 과외를 한 달 동안 받았다. 초등학교에서 배운 영어가 다였던 아이에게 집중 과외는 급히 먹은 떡과 같았다.

새로운 학교에 입학하여 2학기 첫 수업을 들어가 알아들을 수 있는 것이 거의 없었다. 시골 학교에서 제법 성적이 좋았던 아이라도 당황하지 않을 수 없는 상황이었다. 그러나 이 아이는 5학년이 되면서부터 두각을 나타낸다. 어떻게 한 학기 만에 이렇게 발할 수 있었을까?

○○이는 자기 효능감이 뛰어난 아이였기 때문이다. 자기 효능감이란 자신에 대한 확신을 말하는데, 이는 성과를 내는데 필요한 행동을 알고 계획하며 실행하는 능력을 말한다. 어떠한 상황에서도 옳은 선택을 하고 삶에 능동적으로 참여한다.

초등학생이 과연 얼마나 혼자서 능동적으로 삶에 참여할까 의문이 들겠지만 놀랍게도 이 아이는 전학 한 첫 주부터 뒤처지지 않고 수업에 참여한다. 그렇게 된 뒤에는 교육공동체의 힘이 컸다. 담임 선생님과 부모의 긴밀한 협조가 있었고, 교실 내에서 같은 국적의 학생과 교내 국어 선생님이 '트랜스 랭귀징'을 도왔다.

"트랜스 랭귀징은 학생들이 과거의 경험과 새로운 학습을 연결하는 것이다. 가정의 문화와 새로운 문화가 연결되고, 모국어를 통해 새로운 언어를 학습하게 되는 것을 말한다."

○○이는 모국어가 뛰어난 아이였다. 제주도의 시골학교로 전학을 온지 얼마 되지 않았을 때도 제주어를 곧잘 구사했다. 제주어 말하기대회에 나가 우승을 하기도 했다. 새로운 환경에 적응하는 것을 두려워하지 않았으며, 시골 학교의 친구들과 선생님들의 도움을 한껏 받았다. 시골 학교에서 오케스트라에 참여하고 아침마다 전교생이 함께 검도를 배웠다. 제주도 전역으로 체험학습을 다니며 많은 경험을 쌓았다.

궁금한 것을 탐구하는 태도와 뛰어난 모국어 실력이 ○○이가 IB 교육에 빠르게 적응하도록 날개를 달아주었다. 튼튼한 모국어 실력은 부족한 영어 능력의 향상에 큰 도움이 되었다. 작은 경험들에서 성취감을 느낀

○○이는 자기 효능감이 뛰어난 아이로 성장했다. ○○는 영어로 학습하는 어려움을 극복하는 데 오래 걸리지 않았던 것이다.

맞춤법은 틀려도 나는 국사왕 -●●이 이야기

●●이는 한국 초등학교에 다니다 부모님을 따라 베트남 IB 국제학교로 전학을 오게 되었다. 미국인 어머니와 한국인 아버지의 다문화 가정의 자녀인 ●●이는 이중 언어를 구사한다. 한국에서 생활할 당시 ●●이는 어머니와 영어로 대화를 하고 학교에서는 한국어로 학습했다.

보통 IB 학교에서는 아이가 어떤 언어로 학습하는 것을 더 선호하는지, 집에서의 대화 언어는 무엇인지, 자녀의 학습을 지원하는 부모는 누구인지 등 언어 포트폴리오를 자세히 조사한다. 그러나 한국 학교에서는 당연히 국어로 수업이 진행되었고, ●●이는 국어력의 부족으로 학습에 자신감을 잃었다.

한국에서 태어났으나 영어가 모국어인 아이는 아빠의 언어인 한국어로 모든 과목을 학습했다. 그 후 국제학교로 전학 와 영어로 모든 학습을 하는 데에 다시 어려움을 겪었다. 영어 말하기와 듣기 실력은 뛰어나도 ●●이의 읽기와 쓰기 능력은 국제학교 수업에 부담감 없이 참여하기에 부족했다.

새로 전학 간 국제학교의 국어 교사는 학부모와 함께 ●●의 학업을 지원하는 데 최선을 다했다. 아버지는 ●●이가 한국어 능력을 잃지 않게 한국어로 대화를 하였고, 미국인 엄마는 아이가 책임감을 가지고 자신의 학습 과제를 해내도록 격려했다.

탐구학습 단원 '우리가 속한 시간과 공간(Where we are in time and place)'을 학습할 때였다. 한국의 역사 관련 탐구 학습 목록을 학생들과 함께 이야기하는데, ●●이가 관심을 보이기 시작했다. 평소에 조용하던 아이는 한국에서 학습한 역사 지식을 발표하는 데 자신감을 보였다. 탐구 활동으로 역사적인 인물을 선택하여 조사하고 그 인물이 우리에게 어떤 영향을 주었는지 글을 쓰면서 ●●은 두각을 보이기 시작했다.

맞춤법이 틀리고 문장이 어색해도, 자신이 관심 있고 자신 있는 분야에 대해 조사하고 한국어로 발표할 수 있었다. 이 작은 성공은 아이에게 자기 효능감(Self efficacy)을 느끼게 해주었고 관심 없던 맞춤법, 띄어쓰기 능력도 꾸준히 향상되었다. ●●이의 학습을 대하는 태도가 달라진 것이 자기 효능감의 효과였다. 열린 마음을 갖고 위험을 감수하는 리스크 테이커가 되었다. 영어 보조 교사 또한 ●●의 학습 태도가 눈에 띄게 좋아졌고, 자신의 배움의 여정에 관심을 갖고 주도하기 시작했다고 한다.

자기 효능감 장착하기

자기 효능감은 예상되는 상황에 필요한 행동을 파악하고 실행할 능력이 있다는 믿음이다. 자기 효능감이 부족한 학생들은 무엇을 해야 할지 알면서도 비효율적으로 행동하는 경향이 있다고 한다. 학습에 주체성(Agency)을 가지고 능동적 참여를 하는 학생들은 자기 효능감이 높다.

그렇다면 자녀가 자기 효능감을 갖도록 부모는 어떻게 지원할 수 있을까?

1. 자녀의 능력, 흥미와 니즈를 정확히 파악하라. – 그래야 자녀의 눈높이에 맞는 활동을 경험하게 하고 작은 성공을 쟁취할 수 있다.

2. 칭찬 하라 – 『칭찬은 고래도 춤을 추게 한다』의 저자 켄 블랜차드가 말하는 가장 중요한 '행동에 따른 반응'은 과정을 칭찬하는 것이다. 100점을 맞아온 시험지를 보고 칭찬하는 것이 아니라 100점을 맞기 위해 자녀가 한 행동에 대해 칭찬하고 격려하라.

3. 안전한 공간을 마련하라 – 집에서도 아이의 공간을 존중해주어야 한다. 방해받지 않고 성찰할 수 있는 물리적 공간을 마련해라. 집은 실수

에서 배우고 성찰할 수 있는 공간이라고 느끼게 해라.

4. 모범을 보여라. 망가져라. – 어른이 되면 자녀 앞에서 어른의 모습만 보여야 한다고 생각하지 마라. 배움의 여정은 어른이 되어서도 끝이 나지 않는다는 것을 알려주어야 한다. 그 여정에서 부모 또한 실수를 하기도 하고, 작은 성취를 느끼기도 할 것이다. 이러한 부모의 성장을 자녀가 함께 축하할 기회를 주어야 한다.

5. 실수를 만회할 기회를 만들어라. – 실패를 지속하면 무기력이 학습된다. 학습된 무기력은 자녀의 자존감을 바닥으로 떨어뜨리고 자기 효능감을 가질 기회를 없앤다. IB PYP 학습자상을 떠올려라. 자녀가 리스크 테이커가 될 수 있는 기회를 만들어라.

6. 건강한 아이로 자라게 하라 – 자신의 삶에 일어나는 중요한 현상을 알아차리고 그에 맞는 행위를 하는 아이가 되게 하라. 자신의 감정을 알아차리는 것은 메타인지적 사고를 하는 것이다. 정서적으로 안정되고 육체적 건강함이 있는 아이는 자신의 배움의 여정에 주도권을 갖는다. 배움의 여정에 능동적으로 참여하는 아이가 자기 효능감이 높다.

자기 효능감은 자기 자신에 대한 확신에 찬 긍정적인 학습자를 만든다. 꼭 국 · 영 · 수 과목만 잘하고 학교에서 성적이 좋아야 자기 효능감이 높은 것은 아니다. 어떠한 분야든지 관심을 갖고 스스로에게 도전이 되는 문제를 해결하고 성찰하는 과정에서 자기 효능감은 배가 된다.

국어 맞춤법과 띄어쓰기 실력이 부족하다고 국어 실력이 낮다고는 할 수 없다. 같은 평가 목표에 도달하는 방법은 저마다 다를 수 있다는 것을 잊지 말자.

04

자기 삶에 능동적 참여자로 자라게 하라

IB에서의 Agency의 의미는 반두라의 사회인지 이론에서 시작된 개념이다. IB에서 말하는 에이전시가 있는 학습자는 자신이 하고자 하는 행동을 실천할 수 있는 능력이 있는 자신의 삶에 능동적으로 참여하는 사람이다.

PYP 학생들은 각자의 '배움의 여정'의 주인공이 된다. PYP 학생들은 배움의 여정에 있어 자신의 목소리(Voice)를 갖고 선택(Choice)을 하며 주체적(Ownership)으로 학습에 참여한다. 학교 현장에서 에이전시는 어떤 모습으로 나타날까?

내 교실 규칙은 내가 정한다

IB PYP 과정은 모국어의 중요성을 강조한다. 저자가 근무하는 학교는 한국 학생들의 모국어인 국어 과목을 제공한다. 학생들은 일주일에 3시간 수업을 하게 되며 탐구주제(UOI)와 관련한 학습 주제와 더불어 독립 과목으로서의 국어 단원을 학습한다.

처음 학사연도가 시작되는 8월에 학생들은 교사와 함께 새로운 성취 목표를 계획한다. 학생들의 성공적인 배움의 여정을 위해 어떠한 태도로 학습에 임하는 것이 좋은지 함께 이야기한다. 이때 학생들은 IB 학습자상을 떠올려 한 해의 합의문 'Essential agreement'를 만들고 각자 동의했다는 의미로 자신의 이름을 쓰거나 손도장을 찍는다. 이렇게 학생들은 교실에서 지키는 규칙 지정에 주도적으로 참여한다. 보통 학생들은 규칙이라고 하면 '~하지 말자'고 하는 경우가 많다. 그러나 '~하지 말자'보다는 '~게 하자'로 바꾸어 긍정적인 규칙을 함께 만든다.

1년 동안 학생들은 합의한 규칙을 상기하며 자신의 태도를 성찰하게 된다. 학생 스스로가 규칙을 옹호하며 지킨다. 필요하면 규칙을 추가하거나 뺄 수도 있다. 학습접근법 ATL 기술을 규칙에 적용하기도 한다. 자기 조절 기술의 보조 기술인 시간 관리 기술이나 건강한 생활양식, 사회적 기술의 보조 기술인 타인 존중 등이 그것이다. ATL 기술과 학습자상을 매일 떠올리고 적용하며 아이들은 에이전시를 가진 IB 학습자가 된다.

탐구하는 학생에서 행동하는 학생으로

저자가 근무하는 국제학교는 일주일에 3회 모국어 국어 시간이 있다. 학생들은 국어 시간에 국어만 학습하지 않는다. 국어 과목을 포함한 특별 과목 선생님들은 보통 6개의 탐구주제 단원 중 한 단원 이상 협업을 한다. 협업을 한다는 의미는 학습 주제의 중심 생각, 개념, 성취 목표가 같고 그와 관련한 수업을 한다는 의미이다. 협업 단원이 시작되기 몇 주 전 과목 선생님들은 담임선생님과 회의를 한다. 보통 탐구 주제마다 3개 정도의 탐구 주제 목록이 있는데, 특별과목 선생님들은 1~2개 정도의 목표를 함께 탐구한다. '우리 모두의 지구' 단원을 5학년과 협업을 한다고 가정해보자.

중심 생각은 '우리의 행동은 지구의 자연적 특성의 지속가능성에 영향을 미친다'이다. 중심 개념은 원인과 변화 그리고 관점이고 탐구 주제 목록 중 환경 이슈와 지속가능성을 위한 우리의 책임에 대해 탐구하기로 결정했다.

학생들은 같은 탐구 주제 목록이지만 다른 학습을 한다. 그러나 이 학습들은 연계된다. 담임선생님과 학습주제목록을 탐구하면서 사회, 과학, 언어 관련 학습을 하고, 국어 시간에는 환경 이슈를 정의하고 원인을 파악하며 설득문을 써서 발표를 한다.

고학년들은 '행동(Action)'의 종류를 함께 결정하기도 한다. IB에서 말하는 행동은 5가지로, 참여(Participation), 옹호(Advocacy), 사회정의(Social justice), 사회 기업가정신(Social entrepreneurship),생활양식 선택(Lifestyle choices)이 있다. 이번 탐구주제를 통해 학생들은 옹호를 선택했고 교사는 지역사회 봉사 환경단체를 초청하여 그들의 활동을 알고 함께 도울 수 있는 일을 계획한다.

국어 수업 시간에 학생들은 적극적 행동(Action)의 방법으로 학교 축제 때 모금활동을 하기로 계획했다. 국어 시간에 쓴 설득문은 모금활동 포스터로 이용하고, 환경 보호를 위해 사용한 중고 물건들을 기부 받아 판매하기로 했다. 학생들은 학부모님들에게 협조를 구하는 이메일을 작성하고 교사는 발송을 도왔다.

담임선생님을 통해 알게 된 자선단체에게 모금한 금액을 전액 기부했다. 학생들은 이 행동을 통해 필요한 학습접근법 ATL 기술을 익히고 학습자상을 실천했다. 구성주의에서 학습은 학습자 중심이며 스스로 능동적으로 할 수 있는 것이어야 한다. 교사는 학습을 지도하는 것이 아니라 도와주는 촉진자이다.

시간표의 주도권을 잡다 - '골든 타임'

국제학교 초등 고학년 국어 시간의 경우 글쓰기(Text types)에 많은 시간을 쓴다. 글쓰기는 담임선생님과 학년별 평가 기준에 맞추어 꾸준히 학습하지만, 국어 시간에도 학생들은 모국어로 여러 종류의 글을 써보게 된다.

초학문적 탐구 주제에 맞는 탐구를 하며 스스로 글감을 찾기도 한다. 탐구뿐만 아니라 기본적으로 갖춰야 할 국어력을 위한 수업에 참여하기도 한다. 교과서가 없는 IB 교육이지만, 외국에 있는 국제학교의 경우 교사의 재량에 따라 교과서를 학습 자료로 사용할 수 있다.

주 3회 국어 시간은 다양한 탐구 활동과 교과서 자료를 학습하기엔 부족한 시간이다. 아이들은 어떻게 이 시간을 효율적으로 사용할 것인지 교사와 많은 대화를 한다. 교사는 질문을 던지고 아이들은 효과적인 시간 조절 방법을 토론한다. 국어 시간에 학습할 내용이나 탐구 학습 시간을 재구성하기도 한다. 교사는 큰 학습의 틀 안에서 학생들의 제안을 허용한다.

학생들은 교사와 그 주의 학습 목표를 변경하기도 하고 자신들의 학업을 돌아보며 함께 축하하기도 한다. 성취한 학습 결과에 따른 포상을 정하기도 한다. 예를 들어 '골든타임'은 학생들이 그 시간의 학습을 주도적으로 계획하는 것을 말하는데, 꼭 국어와 연관된 학습이나 성찰을 하지 않아도 된다. 놀이를 선택해도 괜찮다. 열심히 학습한 자신들에게 스스로 상(Reward)을 주는 시간으로 골든타임을 사용하기도 한다.

학생들이 교실에서 하는 어떠한 활동도 국어와 연관되지 않은 것은 없다. 언어는 학생들의 놀이를 포함한 모든 활동에 반드시 필요하다. 언어를 책으로 배우지 않고 주도적으로 계획한 골든타임을 통해 배운다.

학생들이 에이전시를 갖도록 교육공동체 일원은 어떤 방식으로 지원할 수 있을까?

1. 자기 효능감을 갖는 기회를 자주 갖도록 하라.

자기 효능감을 갖고 있는 아이는 스스로 원하는 행동을 할 수 있는 능력이 있다고 믿는다. 이렇게 자기 효능감이 있을 때 아이들이 에이전시를 기를 수 있다. 학업과 연관되지 않는 작은 일에서도 성취감을 느낄 수 있도록 배려하라.

2. 창의적이고 비판적인 사고를 갖도록 개념적 사고를 위한 질문을 자

주하자.

답이 있는 질문보다 열린 질문(Open-ended)을 하자. 7가지의 핵심 개념과 관련된 질문들은 아이들의 깊은 사고를 요한다.

3. 각자 성향이 다른 학생들의 특성을 관찰하고 그에 맞는 학습 방법을 선택할 수 있도록 독려하자.

학생에 따라 학업에 집중할 수 있는 시간과 장소, 방법은 모두 다르다. 강의식 수업에 10분을 집중하지 못하는 아이가 원하는 주제의 탐구에는 한 시간 집중할 수도 있다. 말하기 좋아하는 아이와 말보다 글을 쓰기 좋아하는 아이는 다르다. 책상에 앉아 집중하는 아이와 카펫에 엎드려 더 잘 집중하는 아이는 다르다. 여럿이 함께하는 활동을 좋아하는 아이와 교실의 리딩 코너에서 사색에 잠기기를 좋아하는 아이의 탐구는 다르다.

4. 어려움을 극복할 수 있는 회복탄력성을 키울 기회를 주어라.

도전에 직면했을 때 다시 일어서고 도전을 기회로 삼아 더욱 발전하는 계기로 만드는 회복탄력성이 있는 아이들은 자신의 삶에 능동적으로 참여하는 에이전시를 갖게 된다. IB 학습자상인 '도전하는 자'가 될 기회를 만들어라.

5. 학생들이 학교에서의 일과를 계획하는 데 참여하게 하고 규칙적인 일과를 지키도록 격려하라.

정해진 일과를 따라 학습하는 수동적인 자세를 가진 학생이 아니라 창의적으로 일과를 계획하고 성찰하여 함께 따르도록 지도해라. 함께 만든 루틴을 지속적으로 해냄으로 에이전시를 키울 수 있다.

IB 교육에서 행동은 학생들을 교실 밖으로 데리고 나와 세상을 더 나은 곳으로 만드는 방법을 가르쳐주는 것이다. 스스로 목소리(Voice)를 내고 선택(Choice)하며 행동을 소유하는 이 모든 과정을 통해 에이전시를 갖는 학습자가 만들어진다.

05

성찰하는 아이로 자라게 하는 IB PYP 평가

초등학교의 평가는 학생의 성장을 도울 수 있는 도구로서의 평가여야 한다. IB PYP 교육의 평가는 학생의 특정 과목 지식, 개념적 이해 및 배움의 접근법의 습득을 지원하기 위한 중추적인 역할을 한다. IB 교육의 평가는 4개 차원의 평가가 있는데 학습의 모니터링, 학습의 문서화, 학습의 측정 및 학습의 보고가 그것이다. 이중 IB는 학습의 모니터링과 문서화를 강조한다. 그 이유는 학생들에게 피드백을 주고 학습의 다음 단계를 계획하게 할 수 있는 중요한 증거가 되기 때문이다.

평가는 크게 진단평가(Pre-assessment), 형성평가(Formative assessment)와 총괄평가(Summative assessment)로 나뉜다. 진단평가는 학생들의 사전 지식의 정도와 흥미를 파악하여 학습을 계획할 수 있는 증거로 사용된다. 형성평가는 탐구 과정 중 학생의 지식 습득 여부와 개념적 이해 정도를 파악하는 데 사용된다. 형성평가는 탐구의 방향과 깊이를 전환하는 데 참고할 자료가 된다. 총괄평가는 탐구 주제에 대한 총체적 이해를 평가하는 도구로 활용된다.

IB의 평가는 "backwards by design"과정을 따른다. 교사는 먼저 학생들이 습득해야 할 지식과 개념적 이해와 기술을 정의하고 평가를 계획한다. 그 후 계획한 학습목표 성취를 위한 학습을 계획한다. 말 그대로 평가부터 계획한 후 학습목표에 맞는 수업활동을 계획한다.

저자도 PYP 코디네이터 교사와 함께 커리큘럼을 계획할 시 'backward by design'과 'forward by design' 개념을 익히며 평가를 계획했다. 'foward by design'은 당장 성적하고 관련은 없으나 배움의 접근법이나 학습자상을 성취하도록 돕는 계획을 할 때 사용했다. 즉 탐구 주제와 관련하여 학생들이 습득해야 할 배움의 접근법이나 학습자상을 미리 정한다.

저자가 학생들을 평가하며 느낀 점은, IB PYP 프로그램으로 학습한 학생들은 평가를 대하는 태도가 다르다는 것이었다. 특히 어릴 때부터 IB

과정으로 학습한 학생의 경우 평가 과정 시 동료들이나 교사의 피드백을 듣고 성찰하는 것이 자연스럽다. 동료의 학습에 대한 자신의 생각을 전달하는 방법도 잘 알고 있다. 평가에 주체적인 태도를 보인다. 더 나은 배움을 위해 앞으로 학습해야 할 사항을 스스로 성찰한다. 자기성찰을 통해 스스로 평가하며 학습하기 전과 비교해서 어떤 변화가 있고, 무엇을 알게 되었는지 깨닫게 된다. IB 평가는 교육공동체에 교수학습의 결과를 알리는 데 중요한 자료가 되기도 하지만 성적표에는 꼭 'Next step in learning', 즉 다음 학습 단계를 넣는다. 교사가 학생의 학습을 모니터링한 후 구체적이고 성취 가능한 피드백을 준다.

학생과 교사는 학습 목표(Learning goal)와 평가 기준(Success Criteria)을 함께 만들어낼 수 있다. 무엇을 해야 하는지 분명히 알고 성공적인 학습을 위해 해야 할 일을 결정한다. 학습 목표는 학습 과정 중 다시 점검하고 고칠 수 있다. 학습 목표가 정해져 있는 교과서 위주 학습과 다른 IB 교육의 특징이다. 교사는 학생들의 목표달성을 위해 학습 과정을 면밀히 관찰하고 자세한 피드백을 준다. 학생의 성장을 촉진하는 평가를 만들기 위해 교사는 학생들과 함께 성취 기준표를 작성한다. 학생들은 성취 기준표를 참고하여 총괄평가(Summative assessment)를 완성한다.

저자가 근무하는 국제학교의 모국어로서의 국어 평가 예시이다.

Need to improve	Standard	Extending
	Describe characteristics of person 가족의 성격과 모습을 묘사할 수 있어요.	
	Use a variety of adjectives 꾸며주는 말을 사용할 수 있어요.	
	Use simile, metaphors 비유하는 표현을 쓸 수 있어요.	
	Use proper spelling and apply grammatical rules to write. 맞춤법에 맞게 글을 쓸 수 있어요.	
	Space between words 띄어쓰기를 바르게 할 수 있어요.	
	Punctuation marks. 문장부호를 적절하게 사용할 수 있어요.	
	Present to students clearly 친구들 앞에서 발표할 수 있어요.	
	Listen attentively 친구들의 발표를 집중해서 경청할 수 있어요.	
Next step in learning		

3학년 학생들의 묘사하는 글을 평가하는 평가 기준이다. "우리는 누구인가?" 단원과 연계하여 나와 나의 가족에 대해 학습하고 가족 구성원

을 묘사하는 글을 쓴다. 촌수를 배우고 가계도를 그리며 호칭을 학습한다. 가족의 의미와 관련한 글을 읽고 감상문을 쓰기도 한다. 가족사진을 가져와 친구들에게 소개하기도 한다. 가족 형태의 종류를 학습하고 나는 미래 어떠한 가족의 형태를 갖고 싶은지 이야기를 나눈다.

평가표는 학습한 어휘와 표현을 이용하여 맞춤법에 맞게 글쓰기를 하기 위한 평가 기준이지만 발표와 경청을 평가 기준표에 넣었다. 서로를 존중하는(Caring) 자세와 배움의 접근 기술의 하나인 대화의 기술(Communication skills)을 습득하기 위해서이다. 발표와 경청은 학년 성취 기준에 있는 사항이므로 추가하는 데 문제가 없다.

학생들은 학습 결과물과 교사 피드백을 모아 포트폴리오를 만든다. 이 포트폴리오는 1년에 한 번 있는 학생주도회의(Student-led conference)에서 부모님께 배움의 여정을 설명하는 데 좋은 자료가 된다. 자녀가 탐구한 학습결과를 자신감 있게 보여주고 학습의 다음 단계에 대해 이야기하며 성찰하는 모습을 보면 학부모들은 놀라움을 금치 못한다. 학부모 세대가 받았던 주입식 · 강의식 교육과 다른 IB 교육의 특성을 느끼게 되는 순간이다. 과목별 지식과 기술의 습득, 개념의 이해 및 학습 접근법의 개발을 통해 사려 깊은 학생을 길러내는 PYP 목표의 중심에 평가가 있다.

교사들은 다양한 평가 도구와 전략을 사용하는데 협력하여 평가 조정(Moderation) 시간을 갖는다. 평가 측정 후 학생의 학습결과물 샘플을 중심으로 공정한 평가 여부를 토론한다. 학습 목표를 달성했다고 볼 만한 충분한 증거가 있는지, 혹은 평가 시 예상하지 못한 결과가 있었는지 의견을 나눈다. 혹 평가 항목이나 절차가 적합한지의 여부도 토론한다. 이렇게 교사들도 학생들의 학습물을 두고 자신의 평가 절차나 교육과정을 성찰하는 기회로 삼는다.

효과적인 평가를 계획하고 시행하기 위해 교육공동체는 무엇을 해야 할까?

교사는 학생들에게 효과적인 피드백을 제공하여 학생들이 자신의 학습에 대해 성찰하고 스스로 효과적인 학습전략을 습득할 수 있게 한다. 또한 평가의 결과를 참조하여 다음 교수학습을 계획하는 데 사용하며 학습 차별화(Differentiation) 전략에 이용한다.

학교 관리자는 교사에게 교수, 평가 및 학습 전략 자율성을 보장하고 지원한다. 학생이 성장하도록 돕는 평가는 학생을 잘 아는 교사가 가장 잘 만들 수 있다. 또한 교사의 전문성을 기르기 위해 적극적으로 지원한다.

학생들은 평가에 적극적으로 참여하고 피드백에 따라 다음 학습을 주체적으로 계획하고 성찰한다. 설정한 학습 목표를 성취하기 위해 무엇을 해야 하는지 결정하는 중추자가 된다.

학습공동체인 학부모는 자녀가 학습하는 주제의 학습 목표를 알고 학습 진행 과정에 관심을 갖는다.

'내가 알고 있다는 것을 어떻게 알지?'에 대한 질문에 스스로 답하고 자신의 '앎'을 돌아볼 줄 아는 학생을 기르는 것이 바로 IB 초등교육 평가의 목표이다.

da vi Arm i Arm, gik hen gennem Flisegangen mod Spise-
stuen — at Proprietæ Haslund — — en prægtig Mand f
øvrigt! — — men at han i altfor høj en Grad er tilbøjelig til
at se paa det praktiske, det æ — —
— Jo, sagde jeg — det tror jeg ogsaa!
— Man maa dog vel betænke, vedblev Forstanderen —
at naar et Land først begynder at lade haant om sine Old-
tidsminder, sine historiske Levninger, om jeg saa maa sige,
saa *ser* det *sandelig* galt ud!
— Ja—a, sagde jeg.
— Dette være sagt i *Kærlighed!* tilføjede Jochumsen og
lagde mildt sin Haand paa min Arm.
— *Naturligvis!* sagde jeg.
Og saa gik vi ind til Aftensbordet

FAAREPER
I

4장

세계 인재 키우기, IB가 답이다

01

나는 우리 아이들이 행복한 어른이 되면 좋겠다

행복한 어른은 어떤 어른이라고 할 수 있을까?

행복하고 긍정적으로 자란 청소년은 나이가 들어도 행복한 어른이 된다는 연구 결과가 있다. 연구진은 청소년기에 긍정적인 행동으로 높은 점수를 받은 학생들이 중년이 되어서도 행복 수치가 높은 것을 발견했다. 영국 케임브리지대학의 웰빙연구소 하퍼트 교수는 "마음이 건강하고 긍정적인 교우관계를 가지면 일에도 만족하고 성공한다."고 말했다.

"자녀가 IB 교육을 제공하는 국제 학교에 다니면서 달라진 점은 무엇일까요? 한국 학교와 IB 교육의 다른 점은 무엇인 것 같나요?"

"학교 가는 것이 즐겁고 기대된대요. 오늘은 무엇을 탐구하나 두근두근한 마음이 든다고 합니다."

한국에서 공립 학교에 다니던 초등 2학년 아들을 외국의 IB 학교에 보낸 부모와 나눈 대화이다. 아이가 예민한 성격이고 생각이 많아 또래 아이들과 어울리는 것을 힘들어했다고 한다. 우연한 기회에 IB 교육에 대해 알게 되었고, 아이를 집에서 가까운 거리에 있는 IB 국제학교에 보냈다. 한국 학교에서도 친구를 사귀는 데 시간이 걸렸던 아이라 부모는 많은 걱정을 했다. 그러나 얼마 지나지 않아 아이에게 큰 변화가 보이기 시작했다.

교사는 아이에게 생각하는 시간을 많이 갖도록 배려했다. 아이가 생각과 질문을 공유하는 데 필요한 충분한 시간을 주었고, 사소한 질문이라도 아이의 학습에 연결할 수 있도록 놓치지 않았다. 교실의 아이들도 서로를 존중하도록 배웠다. 학교에 가는 것을 늘 두려워하고 싫어했던 아이가 주말에 학교 가는 날을 기다리는 기적이 일어났다.

나는 학생들이 행복한 어른이 되는 법을 가르치는 것이 바로 IB 프로그램이라 생각한다. IB의 사명문(Mission statement)에서 말하는 IB의 목표를 생각해보자. 서로 다른 문화를 이해하고 존중하며, 더 나은 평화로운 세상을 실현하는 데 기여할 수 있는, 지식이 풍부하고 탐구심과 배려심이 많은 청소년을 기르는 것이다. 즉 서로 다름을 이해하고 존중하는 평생 학습자가 되도록 장려하는 교육이다. 4차 산업혁명 시대가 요구하는 창의력과 비판적 사고력을 갖춘 창의 융합형 미래 글로벌 인재를 양성하기 위해 세계적으로 인정받은 교육 과정이다. 역량을 키우고 개념적 사고를 장려하며 탐구 학습 활동을 통한 자기주도적 성장을 추구하도록 돕는다.

2000년까지 전 세계는 3R을 강조하는 교육이 주류를 이루었다. 읽기(Reading), 쓰기(Writing) 그리고 연산(Arithmetic)이 그것이다. 학교에서 주입식으로 알려주는 지식을 잘 읽고 암기하여 써서 문제를 해결해 내는 것이 교육의 목적이었다. 학교에서도 성적이 높은 학생들이 좋은 대학을 가고 좋은 직장을 갖는 것을 당연시했다. 한번 들어간 직장은 평생 안정된 삶을 보장하는 곳이었다.

4차 산업혁명이 다가오면서 3R 인재는 더 이상 급격히 변화하는 미래를 이끌어나갈 수 없다는 것을 우리는 알고 있다. 미래를 이끌어나가기 위한 인재가 교육의 목표로 전환 되면서 '4C'를 초 · 중 · 고 전 과정에 도입하였다.

우리 교육은 미래를 이끌어나갈 인재를 만들고 있을까? 미래 인재가 될 나의 아이는 어떤 능력을 가져야 할까? 어떻게 하면 이 아이가 미래에 행복한 그리고 성공한 인재가 될 수 있을까? 4C와 IB 교육을 연계해 생각해보자.

1. Communication 의사소통능력

의사소통은 대인 관계의 기본이며, 사회적으로 매우 중요한 능력이다. 의사소통 능력은 IB 교육이 추구하는 ATL(배움의 접근법)의 핵심이며, 협업의 기본능력이다.

2. Collaboration 협업능력

혼자의 능력으로 성공하는 시대는 지났다. IB 교육의 목표에서 세계 시민 양성을 강조하는 이유는 바로 혼자 사는 세상이 아닌 공존하는 지구를 만들어가자는 평화 사상을 기본으로 한다.

3. Critical thinking 비판적 사고능력

IB 교육은 구성주의에 기반한 교육 프로그램이다. 구성주의에서 보는 학습은 바로 학습자 개개인의 경험을 바탕으로 지식과 의미를 구성하는 것이다. 학습자가 학습의 주체가 되어 능동적으로 구성하며 학습이 이루어진다. 능동적 구성을 위한 핵심은 바로 비판적 사고능력이다. IB 교육은 모든 학습 과정에서 비판적 사고능력을 기르는 데 탁월한 프로그램이다.

4. Creativity 창의력

창의성은 다양한 경험을 한 학습자의 성찰에 의해 발현된다. 모방과 실패를 반복함으로 얻어진 지식이 새로운 학습에 전이되고 창의성을 발휘하게 된다. IB 교육은 스스로 문제를 파악하고 해결하는 창의적 인재를 키우는 교육이다. 호기심을 갖고 열린 마음으로 탐구하는 학습자가 IB 인재다.

미래 인재는 변화가 요구되는 환경에 적응해야 하며 존재하지 않는 직업을 위해 준비해야 한다. IB 교육 프로그램은 전 과정에서 '4C'를 강조하며 미래 인재가 되기 위한 학습 능력을 제대로 기르고 평가하고 있는

지 점검하고 확인한다.

우리의 학교 교육은 과연 긍정적인 청소년기를 보내는 데 도움을 주고 있는가 생각해보아야 한다. 대만과 더불어 가장 대입 경쟁이 치열한 나라가 일본과 한국이다. 여전히 OECD 국가 중 자살률은 1위이고 10대와 20대의 자살률은 10%가 증가하였다. 젊은 층의 자살 문제가 심각하다. 10~30대 사망 원인 1위는 자살이다. 다른 연령층의 자살률도 여전히 높은 수준이다.

'행복한 어른'을 인터넷에 검색해보면 대표적으로 나오는 단어가 '자존감', '경제력'이다. 우리 자녀가 성인이 되어 살아야 하는 삶은 변화가 일상이 될 것이다. 그들의 직업은 늘 빠르게 변화가 일어날 것이고 계속해서 새로운 지식을 학습해야 할 것이다.

빠르게 발전하는 AI 기술은 인간의 업무를 보조하는 것이 아니라 완전히 대체할 것이라는 전망도 나오고 있다. 정년이 시작되는 연령, 50은 인생의 반을 살아온 나이이다. 아직 가야 할 반이 더 남아 있는 어른들을 세상은 환영하지 않는다.

우리 아이들이 어른이 되어 살아갈 세상에서 행복하려면 어떤 능력을 갖추어야 하는가. 아이들이 기존의 학교 교육 방식인 암기식, 수동적 교육을 받고 세상에 나온다면 불행한 어른이 될 수밖에 없다.

몇 년 전 이슈가 되었던 〈SKY캐슬〉 드라마의 뒤를 이어 〈그린 마더스 클럽〉 드라마가 2022년 상반기에 또다른 이슈를 불러일으켰다. 명문대를 보내기 위한 교육 플랜을 완벽하게 짜고 있는 최고의 타이거맘들이 등장한다. 드라마에서 뿐 아니라, 현실에서도 부모의 정보력과 조부모의 재력이 성공하는 아이를 만들어내는 세상은 언제나 존재한다. 미국 상류사회의 대학 부정입학 스캔들을 보면 굳이 한국에서만 일어나는 일은 아닌 듯하다. 이런 부모들은 과연 행복할까? 부모의 교육 플랜에 의해 성장하는 아이는 과연 행복한 어른이 될 수 있을까?

우리만 잘 살면 된다는 개인주의적 행복은 이제 더 이상 지속이 어렵다. 2019년 팬데믹이 가져온 세계 변화를 무시해서는 안 된다. 화성으로 이주하지 않는 이상 우리는 함께 행복하게 사는 법을 익혀야 한다.

어려서부터 줄을 세우는 교육은 행복한 어른이 되는 법을 가르치지 않는다. 성적순의 행복을 강조하는 교육을 받았던 학부모님들은 지금도 일부 자녀의 성적이 자신의 행복을 좌지우지 하는 삶을 산다. 대한민국 교육이 세계 교육 변화에 발맞추지 못하는 사이, 아이들은 자라고 세상에 나아간다. 계속 해서 지난 교육을 답습하고 반복할 여유가 없다.

한국 공교육 변화의 시작은 공교육 IB 도입이다. 변화는 시작되었다. 자녀가 행복한 어른으로 자라는 데 필요한 교육 프로그램이 바로 IB다.

함께 살아가는 세상이어야 한다. 그것이 바로 IB 교육의 핵심 목표이다.

02

유튜버가 되고자 하는 아이가 성공하는 이유 - IB 학습자상

오늘날 젊은 세대들은 미래에 평생 한 가지 직업만 갖지 않고 여러 분야의 직업을 갖게 될 가능성이 크다. 현 초등학생들은 성인이 되어 현재 존재하지 않는 새로운 직업을 갖게 될 것이다. MZ 세대들은 이미 좋은 직장에 들어가 평생 정년까지 근무하는 것을 가치 있게 보지 않는다. 변화에 빠르게 대처하는 MZ 세대들의 핵심 가치도 변화하고 있다. 우리 아이들이 미래에 어떠한 직업을 갖게 되든지 필요한 지식과 기술의 습득뿐만 아니라 변화에 적응하는 능력과 커뮤니케이션 능력, 함께 일하는 능력은 더욱 강조된다.

아래 표는 2022년까지 3년간의 초등학생 선호 직업의 변화를 보여주고 있다. 1위를 굳건하게 운동선수가 지키고 있고 의사와 교사가 그 뒤를 따른다. 올해 크리에이터의 순위가 의사를 제치고 올라섰다.

초등학생 희망 직업 상위 10위

순위	2020	2021	2022
1	운동선수	운동선수	운동선수
2	의사	의사	교사
3	교사	교사	크리에이터
4	크리에이터	크리에이터	의사
5	프로게이머	경찰관/수사관	경찰관/수사관
6	경찰관	조리사(요리사)	요리사/조리사
7	조리사(요리사)	프로게이머	배우/모델
8	가수	배우/모델	가수/성악가
9	만화가(웹툰작가)	가수/성악가	법률전문가
10	제과 · 제빵사	법률전문가	만화가/웹툰작가

자료: 한국직업능력개발원

유튜브 관련 산업이 커지면서 크리에이터는 초등학생이 원하는 장래 희망 중 하나로 상위 자리를 지키고 있다. 저자의 자녀도 같은 반 친구와 함께 유튜버가 되는 것이 꿈이라는 말을 한 적이 있다. 지금은 유튜버를 크리에이터라 대우하며 선망하는 직업으로 자리 잡았지만 10여 년 전만 해도 아이들을 적극적으로 지지해주기엔 큰 용기가 필요했다. 한국 부모들이 말하는 소위 국룰에서 벗어나는 직업을 원하는 자녀가 늘어나게 될 것이다. 아이들의 미래 직업군은 무궁무진하다.

유튜버가 되려는 아이가 있다고 가정해보자. 과연 유튜버를 시작한 인원 중 몇 명이 크리에이터로 자리잡을 수 있을까? 스스로 관심 있고 잘할 수 있는 분야를 파악하고 어려움에 부딪히면서도 도전하는 소위 '에이전시'가 없는 아이는 얼마 지나지 않아 자포자기하게 될 것이다.

어떠한 직업을 갖더라도 꼭 가져야 할 자세가 있다. IB 학습자상은 우리 아이들이 미래 인재가 되는 데 필요한 기본적인 자질이다. 그렇다면 성공한 크리에이터가 되기 위한 자질은 어떤 것일까? 왜 유튜버가 되려고 노력해본 아이가 성공에 좀 더 다가갈 수 있을까? 유튜버가 되고자 시도해본 아이는 IB가 바라는 학습자가 되는 경험을 하고 ATL 기술을 습득하는 기회를 갖기 때문이다.

크리에이터로서 갖춰야 할 능력을 10가지 IB 학습자상을 이용하여 생각해보자.

1. 유능하고 진정성 있는 커뮤니케이터(Communicator)가 된다.

말을 잘하는 사람이 되어야 하는 것뿐만 아니라, 구독자의 관심을 파악하여 콘텐츠를 만들어내는 능력 또한 포함된다. 구독자의 질문에 성실히 답을 해주고 공감할 줄 아는 유튜버가 되어야 한다. 두 개 이상의 언어로 타이틀을 만들고 효과적인 커뮤니케이션을 위해 고민해본 아이들의 경험은 절대 헛되지 않는다.

2. 지식(Knowledgeable)을 쌓고 오픈 마인드(Open-minded)를 갖게 된다.

보통 유튜버가 되겠다고 나서는 수많은 초보 유튜버들이 간과하는 과정이 있다. 이는 바로 콘텐츠 회의라는 것이다. 회사에 소속된 유튜버들은 녹화하기 전 충분한 시간 회의를 거쳐 콘텐츠를 만든다. 물론 무턱대고 아무 주제나 시작하는 경우도 많지만, 꾸준한 지식 습득 및 리서치가 뒷받침 되지 않는 경우 '좋아요', '구독'으로 이어지지 않아 구독자 100명을 넘기 힘들다. 또한 타 유튜버 트렌드를 분석하고 새로운 변화를 받아들일 수 있는 유연한 마인드가 필수이다.

3. 남을 배려할 줄 알게 된다.(Caring)

유튜버는 보통 자신의 이야기나 지식을 일방적으로 전달하는 플랫폼으로 생각할 수 있다. 그러나 녹화, 편집된 방송을 내보내는 것과 더불어 라이브 방송을 하며 소통하기도 한다. 소통의 원칙은 바로 다른 사람의 말을 들어주는 것이다. 경청은 남을 배려하는 마음이 필요하다. 즉, 자신이 원하는 분야에 대해 이야기하는 방송을 하지만 궁극적으로 남을 이해하고 배려하는 마음이 필요하다.

4. 깊이 사고하고(Thinker) 원칙이 있는 사람이 된다.(Principled)

구독자를 늘리기 위해 유행을 따라 자극적인 방송을 하는 유튜버가 늘고 있다. 이목을 끌기 위해 눈길을 끌 만한 썸네일을 올린다. 이런 유튜버는 눈길을 끄는 데는 성공하겠지만 오래 직업으로 성공하긴 어렵다. 자신의 일에 원칙을 가지고 깊이 사고하는 유튜버가 성공한다.

5. 지적 호기심과 리서치 기술을 이용해 관심 분야에 대해 끊임 없이 탐구한다.(Inquirer)

PYP 학습자의 기본 학습자상인 탐구하는 사람은 21세기 인재가 갖춰야 할 기본 덕목이다. 대학만 졸업하면 평생 자기 계발 없이 정년까지 지속되는 직업은 없다. 즉 평생 학습하고 탐구하는 자세가 필요하다. 유튜버 또한 트렌드 분석 및 관심 분야 탐구는 기본이다.

6. 도전(Risk-taker)하고 과제에 대해 비판적으로 성찰한다.(Reflective)

유튜버가 되려면 많은 도전이 필요하다. 논리적으로 청중에게 말을 전하려면 일단 대본을 써야 할 것이다. 글을 맥락에 맞게 정리하고 구조화한다. 녹화하고 편집하고 썸네일을 적절하게 넣는 기능을 배워야 한다. 콘텐츠를 기획하고 효과적으로 전달한다. 어느 한 과정도 처음 유튜버를 시작하는 학생에게 도전이 아닌 과정이 없다. 어려움을 직면하고 고군분투하고 성찰하는 아이는 시도도 해보지 않은 아이보다 많은 분야에서 앞서게 될 것이다.

7. 삶의 균형을 유지하기 위해 노력한다.(Balanced)

유튜버가 되려는 초등학생의 경우 비디오를 녹화하고 업로드하는 데 하루 종일 시간을 쓸 수 없다. 하고 싶은 일이 생겨 집중하다 보면 시간이 빠르게 지나가는 것을 알게 된다. 할 일을 해내며 자신이 좋아하는 일을 하기 위해서 시간을 조절하는 법을 익힌다. 컴퓨터 앞에서 게임만 하는 아이와 유튜버가 다른 점은 습득한 기술이 다른 분야에 접목이 가능하다는 것이다. 비디오 제작을 위해 하는 기획, 대본 작성, 비디오 편집, 자막 제작 등의 기술은 아이가 성인이 되어 직업을 갖게 되더라도 매우 중요한 기술이다.

초등학생들이 되고자 하는 상위 직업군인 운동선수, 교사, 의사가 되기 위해서도 언급한 10개의 학습자상이 꼭 필요하다. 학습자상은 사서 줄 수 없는, 실제 아이가 스스로 성취해야 하는 속성이다. 스스로 유튜버가 되고자 노력하고 실천한 아이의 경우 작은 성취를 경험했을 것이고, 이런 작은 성공이 쌓여 어려움을 극복하고 스스로 성찰하는 아이로 성장한다.

자녀가 유튜버가 되겠다고 했다면 무엇인가 해내겠다고 스스로 목소리를 낸 것을 격려해주고, 하고 싶은 일과 해야 할 일을 균형 있게 처리하도록 격려해주는 것이 부모의 역할이다. 아이들이 몇 번 시도해보고 포기한다고 해도 잃을 것이 없다. 생각대로 일이 되지 않을 때도 있고, 흥미 있는 분야에 지식이 부족한 자신을 발견할 수도 있다. 어떠한 일을 하더라도 아이가 스스로 목소리를 내어 학습한 경험은 가치가 있다.

아이가 교사, 의사가 되도록 지원하려 학원을 보내고 운전기사를 자청하는 엄마의 수고 또한 헛된 것은 아니다. 부모의 지원이 아이의 교육에 큰 역할을 하는 것이 당연하다. 다만, 아이가 원하는 것을 파악하고 지원을 아끼지 않는 열린 마음(open-minded)을 가진 부모가 IB로 아이를 키울 수 있다는 것을 잊지 말자.

"We do not learn form experience, we learn from reflecting on experience."

우리는 경험에서 배우는 것이 아니라 경험을 성찰함으로써 배운다.

– 존 듀이

03

IB 교육을 맡을 교사의 자질

교사는 한국 초·중·고 학생들의 선호 직업이다. 교사가 되기 위해 교대나 사범대에 입학하려면 학교 성적이 매우 뛰어나야 한다. 대학에서 교사에게 요구되는 지식과 기술을 습득하고 교생실습기간을 거쳐 교사 자격증을 취득한 후 교사 임용 고시에 최종 합격해야 한다.

반면 IB 교사가 되기 위해서 꼭 교대나 사범대를 나와야 하는 것은 아니다. 채용 국가에 따라 교사로 채용되기 위해서 교사 자격증이 필수인

곳도 있으나 보통은 국제학교에서 2년 이상의 경력이 있거나 대학원을 졸업한 경우 교사가 될 수 있다. 가르치기 전 필수 교사연수 코스를 마쳐야 하며 매년 꾸준히 IB 연수를 받아 교육학적 지식 및 실제적 교수 전략을 업그레이드 해야 한다.

IB에서 강조하는 교수접근법은 6가지 요소가 있다.

IB 교사에게 기대되는 교수 태도에 대한 설명이라고 볼 수 있다. 교수접근법(Approach To Teaching), ATT 기술이 그것이다.

1. 탐구(Inquiry)가 기본이다

IB 교육의 교육학적 배경인 구성주의가 강조하는 가르침은 바로 학생들의 탐구를 장려하는 것이다. 학생들이 교수학습에 적극적으로 참여하고 다른 학생들 및 교사와 상호 협력하는 자세를 갖도록 교수전략을 짤 수 있어야 한다.

2. 개념적 이해를 통한 비판적이고 창의적인 사고를 장려한다.

개념적 이해는 IB 교육의 핵심이다. 7가지 핵심 개념과 관련 개념을 통해 얻은 지식과 맥락을 다른 학습에도 적용할 수 있어야 한다.

3. 지역 및 세계적인 맥락에서의 실제적인 학습을 제공한다.

학생들이 습득한 지식과 경험을 바탕으로 지역사회 및 세계의 이슈를 이해하고 더 나아가 커뮤니티를 위한 행동을 할 때 진정한 학습이 이루어진다.

4. 협업이 가장 중요하다.

학생과 교사의 협업뿐만 아니라 교사들의 팀워크도 매우 중요하다.

5. 차별화(Differentiation) 수업을 계획하고 실행한다.

학습 목표를 달성하기 위해 학생의 특징을 파악하고 그에 맞는 효과적인 전략을 적용한다.

6. 학생의 성장을 장려하는 평가를 계획하고 실행한다.

효과적 평가는 학생의 배움의 여정에 중요한 영향을 끼친다. 학생의 다음 학습 단계(Next step in learning)를 위한 효과적인 피드백은 학생의 에이전시를 발전시키고 능동적인 학습자가 되도록 돕는다.

저자는 IB 워크숍 리더로 제주와 대구의 초등학교 교사들의 연수를 맡은 적이 있다. IB 시범학교로 지정되어 PYP 교육 프로그램을 실행하기 전 카테고리 1 연수를 필수로 받아야 하는 교사가 많았다.

그 외에도 IB 교육에 관심이 있어 개별적으로 연수에 참여한 교사도 있었다. 한국 교육 현장 경험이 풍부한 교사들이 IB 교육에 관심을 갖고 연수에 참여하는 모습은 참 인상적이었다. 교육계의 IB 교육에 대한 관심이 피부로 느껴졌다.

아직 공식적인 IB 한국어자료가 부족해 영어로 된 자료를 읽고 토론해야 하는 어려움이 있었지만, 현장 경험과 접목한 한국형 IB를 실천에 옮길 충분한 자질이 있는 교사들이 열정적으로 연수에 참여했다.

한국 초등교사의 자질은 이미 엄격한 교사채용과정을 거친 것만으로도 증명이 가능하다. 새로운 교육 프로그램인 IB PYP 초등교육 연수를 받고 교육을 실행할 준비를 한다.

IB 프로그램은 교육과정(Curriculum)이 아니다. 프레임을 제공하고 각 나라의 교육과정을 지지한다. 교과서가 없는 초학문적 탐구주제를 강조하는 PYP 교육이지만, 기존의 교과서는 교사의 재량에 따라 학습의 소재로 사용이 가능하다.

현재 저자는 베트남에 있는 국제학교에서 모국어로서의 국어 과목을 가르치고 있다. 교수학습 계획안을 짤 때 IB의 언어 과목 학습 범위와 차례(Language scope and sequence)를 바탕으로 학년별 성취기준을 만들고 국어 교과서의 단원을 참고하여 성취기준을 추가했다. 교과서를 재편성하여 한국 학생들이 필수로 학습해야 할 성취기준을 파악했다.

특별과목 교사의 경우 학년마다 초학문적 탐구 주제 중 한 단원 이상 협업을 한다. 탐구 프로그램을 수정하고 계획하기 위해 1년에 한 차례 모든 교사들이 함께 모여 하루종일 회의를 한다.

이때 교사들과 함께 다음 학사연도에 어떤 주제를 협업하고 탐구 주제 목록(LOI)을 탐구할 것인지 결정한다. 국어과목을 가르치는 교사라도 협업에 필요한 기본적인 언어인 영어구사능력을 갖추어야 한다. IB 교육 전 세계 교육자와 협업할 수 있는 언어 구사는 이제 교육자에게 필수로 요구될 것이다.

한국의 초등 교사들에게 교수학습 계획과 평가에 주도권을 주고 재량을 인정한다면 IB 교육을 성공적으로 실행할 수 있을 것이라 생각한다. 성공적인 IB 프로그램 정착은 교사의 자질도 중요하지만 교사가 재량을 펼칠 수 있도록 교육공동체가 적극적으로 지원하는 것이 필수다.

국제학교 교사들은 행정 업무를 담당하지 않는다. 교수학습 계획 및 평가, 수업 외에 방과 후 수업 과목을 맡는 것이 전부다. 코디네이터의 직책을 맡거나 혹은 학교 행사 주최를 담당하는 등 추가적 업무를 맡게 되면 학교는 교사의 다른 의무를 제하거나 수업 시수를 조정한다. 학부모와의 소통을 위해 학교에서 사용하는 플랫폼은 업무 내 시간을 지키도록 권장하며 교사들은 워라밸을 철저히 지킨다.

IB PYP 교육은 교과서가 없으므로 수업 계획과 준비에 많은 시간을 할애해야 한다. 교사의 철저한 사전 준비가 없는 탐구 수업은 학습 목표 성취를 어렵게 할 뿐만 아니라 활발한 탐구를 기대할 수 없다. 교사가 온전히 IB 교육에 전념할 수 있도록 행정 업무를 줄여주고 유능한 PYP 코디네이터 교사의 지도를 받을 수 있도록 지원해야 한다.

한국에서 교사는 선망받는 직업이며 안정적이고 존경받는 직업이다. 그러나 『대한민국 교육트렌드 2022』에서 김차명은 MZ세대 교사의 고충과 특징을 논했다. 미래 교육을 선도할 MZ 세대 교사는 전체 교사 비중에서 46%를 차지하는데 이들은 '나다움'을 중시하는 특징이 있다고 한다.

저자는 MZ 세대 교사가 IB 교사가 되기 위한 장점을 가지고 있다고 생각한다. 에이전시가 있는 삶을 살고 자신이 원하는 것을 말할 수(Voice) 있다.

공정성을 중요시 하는 특징은 IB 학습자상과 연결되며 디지털 공간에서 사회적 관계를 맺고 협업할 줄 안다. 교사 인플루언서는 자기주도적 탐구의 모델이 될 수 있다. 디지털 기기 사용이 자유로운 MZ세대 교사들은 학생들의 탐구 주도 학습 및 ATL(배움이 접근법) 기술의 습득을 지원할 능력이 충분하다. 미국의 교육학자 팔머에 따르면 교사 정체성 즉 교사다움의 정체성은 교사 자신이 가장 자기스러울 때 가능하다고 한다. MZ 세대 교사들은 자아 정체성에 기초한 다양한 양태(멀티 페르소나)를 가지고 있다고 볼 수 있다.

PYP 초등 프로그램은 교육공동체 일원의 협업이 중요하다. 학생은 학교 뿐만 아니라 지역사회 혹은 세계 모든 곳에서 경험하고 성찰한다. IB 교육의 성공적 도입을 위한 교사의 자질도 중요하지만 PYP 초등 프로그램에 대한 교육공동체의 관심과 이해가 따라야 한다. 학교의 관리자와 PYP 코디네이터의 지원, 학부모를 포함한 교육공동체의 관심이 국내 PYP 프로그램의 실행에 중차대한 역할을 할 것이다.

04

IB 교육공동체에게 바란다

교육공동체란 학생의 교육과 관련된 모든 사람들을 포함한다. 학생, 가족, 모든 학교 직원, 지역사회, 그리고 학생들의 삶에 중요한 어른도 포함한다.

아이 한 명을 키우기 위해 온 마을이 필요하다는 아프리카 나이지리아의 속담은 러닝 커뮤니티의 중요성을 말하는 듯하다. 아이의 교육을 지원하는 모든 교육공동체 일원의 상호작용이 필요하듯이 말이다.

이제 IB는 한국 공교육의 좋은 대안으로 자리잡고 있다. IB의 한국어화 및 시범 도입은 어쩌면 우리나라 근대 교육사의 역사적인 한 획을 긋는 시도가 될 것이다. 2023년 11월에 한국어로 첫 IB 대학 입시를 치르게 되면 한국의 공교육은 큰 변화를 맞이하게 될 것이다.

교육공동체 일원으로 우리는 어떻게 아이들의 IB 교육을 지원할 수 있을까?

1. 교사

교사는 아이들의 주도적 탐구 교육을 촉진시키는 촉진자이자 배움의 파트너이다. 학생의 특징을 관찰하고 필요한 배움의 접근 기술이나 학습자상을 제시하는 사람이다. 평생 학습하는 라이프롱 러너로서 롤모델이 되고 적절한 피드백을 제시해 학생의 성찰을 지원할 수 있다.

2. PYP 코디네이터 혹은 학교 관리자

PYP 코디네이터는 교육학적 지식을 가지고 IB 동향을 교사들에게 전달하며, 교수학습 계획 및 평가 등을 총체적으로 감독하고 지원하는 'IB 소프트웨어' 역할을 담당한다면 관리자는 IB PYP 교육이 원활하게 이루어지도록 학교 학습 환경과 필요한 자원 등을 지원하는 '하드웨어' 역할을 담당한다고 볼 수 있다. 러닝 커뮤니티를 이끌어가는 데 중추적인 역할을 한다.

3. 학생과 학생

함께 성장하며 축하하는 배움의 동반자로 탐구 결과를 성찰하고 피드백을 주며 함께 성장한다. 함께하는 세상의 중요성을 교실에서 협동하면서 배우고 서로의 거울이 되어 학습자상을 실천한다.

4. 교사와 교사

교사들의 협업은 IB 교육의 기본이다. 교수 학습이 성공적인 결과를 낳도록 함께 수업을 계획하고 가르치고 성찰한다. 탐구프로그램은 협업의 결정체다. 전 학년 교사가 함께 학생들의 체계적이고 실제적인 탐구를 유발하기 위해 함께한다. 교사끼리 경쟁하는 모드가 아니라 함께 학습 자원을 이용하고 학습 환경을 개발하는 촉진자가 되어야 한다. 교사는 학생들의 롤모델이다. 학습자상을 실천하고 배움의 접근법을 적용하는 평생 학습자의 자세를 보여주어야 한다.

5. 학생과 부모

아이의 탐구적 태도와 개념적 이해를 북돋아주는 대화를 하고 아이의 학습에 관심을 가져라. 아이를 진정으로 믿고 기다려주어라. IB 교육을 처음 받는 자녀를 보는 학부모는 조바심이 날 수 있다. 암기식 지식의 습득을 확인해야 안심인 부모들은 아이들이 학교에 가서 배우는 게 없다고 느낄 수 있다. 아이들이 탐구하고 지식을 습득하고 나아가 지역사회를 위해 행동할 때 적극적으로 지원해주어라.

6. 부모와 부모

학부모는 학교의 모든 행사를 풍성하게 만드는 핵심이다. 학부모 교사 회의(Parent Teacher Association)의 일원이 되어 학교 교사 및 관리자와 밀접한 관계를 가지고 지원함으로 아이들의 성장에 조력할 수 있다.

7. 부모와 교사

부모와 교사는 자녀의 학업을 위한 파트너가 되어야 한다. 아이들의 성장을 촉진하는 파트너로 학교에서 일어나는 일에 관심을 갖고 믿음을 갖는 것이 중요하다. 부모는 아이들의 탐구학습이 성공적이도록 전문가로서 지식을 나누어줄 수도 있다. 학교나 집에서 자녀가 정신적 · 육체적으로 균형적인 발전을 할 수 있도록 웰빙을 지속적으로 지원하는 협력이 필요하다. 서로에게 열린 마음으로(Open-minded) 배려하는(Caring) 관계의 지속이 아이들의 성장을 촉진한다.

8. 학교 및 지역사회 기관

학교뿐만 아니라 지역 사회의 물적, 인적자원을 활용함으로 지역적 맥락을 통한 실제적 학습을 지원할 수 있다. 아이들이 지역사회의 일원으로 행동하는 것을 옹호한다. 학생들이 안전하게 느끼는 배움의 공간을 제공하도록 연구하고 재정적 지원을 마련한다. 다름을 인정하는 포용적인(Inclusive) 학교 분위기를 조성하는 데 힘쓴다.

IB 교육이 한국 공교육에 성공적으로 정착하려면 러닝 커뮤니티의 지원이 중요하다. IB 교육은 함께 평화롭게 사는 것의 중요함을 강조한다. 러닝 커뮤니티도 서로를 존중하고 함께 학생들의 학업을 지원하며 학생들의 웰빙에 대해 관심을 갖고 평화롭게 공존하는 법을 모색하는 것이 중요하다. 러닝 커뮤니티 또한 IB 학습자상을 실천함으로 학생들에게 모델이 될 수 있다.

아이들은 현재의 어른들이 상상할 수 없는 미래세계에서 살아가게 될 것이다. 아이들에게 끊임없이 새로운 능력과 기술이 요구될 것이다. IB 교육은 적극적 글로벌 미래 인재 육성에 걸맞은 프로그램으로 IB PYP 초등 과정은 변화하는 세대에 적합한 학습자를 길러내기 위한 IB의 첫 과정이다.

IB 교육의 장점과 IB 교육의 본질을 이해하여 IB를 우리나라의 교육 변화의 대안으로 삼고자 하는 교육자 및 정부 관계자의 노력이 배움의 현장과 가장 직접적으로 러닝커뮤니티의 일원들의 적극적인 협조가 없이 혁신적인 변화는 일어나지 못할 것이다.

IB 교육자로 지난 10년간 IB 교육을 받는 초등학생들을 지켜보았다. 어린 학생들이 탐구자로, 지역사회 구성원으로 그리고 세계시민으로 성장하는 모습을 지켜보며 IB 교육의 가능성을 보았다. 지식의 암기와 줄 세우는 평가를 지양하고 삶을 살아가는 방식을 가르치고 함께 살아가도록 격려하는 것이 IB 교육이다.

서로 다른 문화를 이해하고 존중하며 함께 공존하는 행복한 공동체를 만드는 데 필요한 미래 인재를 형성하는 교육 IB가 러닝 커뮤니티에 긍정적 변화의 바람을 일으키고 있다.

wistym światłem skupiało
na Gran Vía, tajemnice
do gier w lunaparku
przypomnieć don Alberta Einsteina. Tyle hipotez i teorii,
a jak już przychodzi do praktycznego zastosowania, to od razu robią bombę
atomową, na domiar złego nie pytając go wcale o zgodę... Z drugiej
przy bokserskim wyglądzie Tomasa, w środowisku akademickim też ma
przechlapane, bo w tym życiu jedynie uprzedzenia roszczą sobie prawo
patentu na prawdę.
oszczędzić Tomasowi ciężkiego losu i niezrozumienia, Fermín

5장

IB 교육 현장의 실제 경험을 나누다

01

제주 시골뜨기에서 국제학교 우등생이 된 학생

"뭐랑 고람시냐~ 잘도 웃긴 아이 주게."

제주 해녀 할머니들이 S를 보며 하시는 말씀이다. 엄마는 못 알아듣는 제주어지만, 이 아이가 할머니들과 살갑게 대화를 나누며 예쁨을 받는다는 것 정도는 알 수 있다. S는 육지에서 내려와 제주도 저청읍에 있는 저청초등학교 3학년으로 입학했다. 저청초등학교는 학생 수 100명 미만의 작은 시골 학교였다.

엄마를 따라 무작정 제주로 내려온 이 아이는 서울에서 학원만 4~5개를 돌던 아이였다. 그러다 제주 국제학교에 근무하는 엄마를 따라 시골 학교로 전학을 왔다. 학교 주변에는 온통 귤밭 뿐이고 학원이라고는 찾아볼 수 없었다. 국제학교에 근무하는 행정 직원들은 자녀 학비 지원이 없어 주변 학교에 자녀를 보낸다. 그래서 엄마는 최대한 구억리와 가까운 학교에 S를 입학시키게 되었다.

엄마가 출근하는 길에 S를 학교에 내려주어야 하기 때문에 S는 학교에 제일 먼저 등교하는 아이가 되었다. 엄마는 8시까지 출근, 초등학교는 8시 30분까지 등교이기 때문이다. 늘 불안한 마음으로 출근하는 엄마가 안심하도록 S는 엄마를 향해 손을 흔들며 웃어주었다. 그렇게 한 달 정도 시골 학교에 다니더니, 이 아이는 제주 네이티브어로 친구들과 대화를 시작했다.

시골 저밀집 학교는 정부의 지원이 많아 현장학습이 무료다. S는 국제학교 대신 제주 공립학교의 교육 덕을 톡톡히 받고 자랐다. 3학년 전교생 총 8명. 이 아이들은 담임선생님과 제주 곳곳을 체험하고 다녔다. 곶자왈에 가서 늪과 식물을 관찰하고, 별자리를 보러 한라산에 있는 과학관을 방문하고, 해녀 할머니들에게서 물질을 배웠다. 국제학교의 커리큘럼으로 배우지 않았지만 이 아이는 이미 탐구 중심의 창의적인 생각, 문화에 대한 열린 마음이 자라고 있었다.

IB 국제학교에서 인사 담당자로 근무하던 엄마는 늘 S를 국제학교에서 공부하게 하고 싶었다. 시골 제주 학교의 덕을 톡톡히 받고 자라고 있더라도 영어 실력은 턱없이 부족했기 때문이다. 시골이라 학원 교육도 시킬 수 없다 보니 엄마는 늘 불안했다. 그리고 국제학교에서 자라는 학생들을 가까이에서 보면서, 자신의 아이도 국제학교 IB 교육을 받을 기회가 있기를 바랐다.

어느 날 S의 엄마는 베트남에 있는 국제학교에 통역 및 랭귀지 교사로 채용되었다. 제주 시골 학교에 다니던 S는 IB 국제학교로 전학 가는 기회를 얻었다. 저청초등학교에서 쓰던 교과서는 더 이상 필요하지 않았다. S는 교과서 대신 아이패드를 가방에 넣고 등교를 시작했다. 첫 한 달 동안 이 아이는 알아듣는 것이 거의 없이 학교에서 집으로 돌아왔다. 하지만 제주 시골 학교에서 한 달 동안 조용히 언어를 습득했던 것처럼, S는 영어를 조용히 학습하고 있었다.

PYP 교육과정은 이중언어를 추구한다. 즉, 한 가지 이상의 언어를 구사하도록 교육하며 그중 모국어의 중요성을 강조한다. 모국어 실력이 탄

탄한 학생은 제2외국어를 더욱 빨리 습득한다. 또한, 모국어는 정체성을 형성하는 데 도움이 되며 다른 나라의 문화를 더욱 쉽게 이해하도록 돕는다. S가 영어를 빠르게 습득하게 된 가장 큰 이유는 바로 튼튼한 모국어 실력 때문이었다.

S는 모국어를 바탕으로 PYP 커리큘럼을 이해하고 자신의 경험과 지식을 연결했다. 모국어로 알고 있는 사전 지식과 영어로 배우는 학습을 연결하고 자신이 모르거나 더욱 학습하고 싶은 부분을 묻고 탐구했다. S는 처음부터 영어를 자유롭게 구사하지 못했기 때문에 탐구 과제들을 한글로 이해하고 한글로 해냈다. 같은 반에 있는 한국 친구들, 국어 담당 교사와 담임의 협업으로 학습 주제 목록(UOI)을 이해하고 학습 목표를 성취했다. 이 과정은 'Translanguaging'이라 한다. 이는 모국어 혹은 가정에서 쓰는 언어로 학습한 지식을 다른 언어로 변형해 꺼낼 수 있는 것을 의미한다.

그렇게 반년이 흐른 후, 이 아이는 두각을 나타내기 시작했다. 이미 제주 초등학교에서 자기 효능감(Self-efficacy)을 기를 수 있는 기회가 많았다. 자기 자신이 무엇이든 할 수 있고 어려움을 헤쳐나갈 수 있다고 믿는 자기 효능감은 어떠한 어려움이 닥쳐도 자신을 믿게 만든다. 제주에서 언어의 어려움을 극복하고 환경에 적응하는 법을 익힌 S는 새로운 나라에서의 교육 프로그램과 교실 환경에 쉽게 적응했다. 제주 바다에서 해녀들로부터 물질을 배우던 아이는 운동장에서 각종 운동을 익히며 지덕체가 뛰어난 학생으로 변모했다.

국제학교의 방과 후 프로그램은 교사에 의해 운영된다. 학생들은 화, 수, 목요일에 걸쳐 3개의 방과 후 프로그램을 선택할 수 있다. 교사들의 다양한 경험은 학생들에게 또 다른 교육의 장을 열어주었다. 4~5개의 학원을 돌던 S는 학원 대신 학교의 수영팀, 오케스트라 단원 그리고 트라이애슬론 선수팀에 들어갔다. 35도가 넘는 더운 날에도 트라이애슬론 훈련을 단 한 번도 놓치지 않았고, 싱가포르에서 열리는 대회에 출전해 트라이애슬론 단체팀 수상을 거머쥐었다.

IB 중등 학제인 6학년이 되면서부터 11학년인 현재까지, S는 특별한 과외 한번 받지 않고도 성적 우수자가 받는 'Distinction'을 여러 번 받았다. IGCSE 영국 케임브리지 중등 과정 시험에서 모든 과목에 A*, A를 획득했다. 그리고 교사들이 선발하는 Prefect 학생회 임원이 되었다. 현재는 CAS 프로젝트로 케이팝 댄스 팀을 꾸려 학교 행사 때마다 공연에 참여한다. DP 과정을 마친 후 의대에 진학하고자 원하는 학교와 나라를 스스로 조사하고 있다.

S는 지금도 제주도 시골 초등학교 친구들과 연락하며 제주를 그리워한다. 친구들과 함께 학습했던 그 소중한 경험들은 이 아이가 IB PYP 초등 과정에서 빛날 수 있도록 만들어주었다고 믿는다. IB 교육과 우리 공교육의 장점이 S를 창의적이고 뛰어난 학생으로 거듭나게 만들었다.

IB 교육이 공교육보다 뛰어나다는 생각은 금물이다. IB 교육의 특성과 우리 공교육의 장점을 살려 우리 실정에 맞는 IB 한국형 교육과정을 도입하는 것이 바람직하다. S와 같은 학생들이 굳이 국제학교에서만 길러지는 것이 아니라는 것을 우리는 증명할 수 있다. 우리 초등 공교육 교사 역량은 매우 뛰어나다. 좀 더 열린 마인드를 가지고 IB의 좋은 점을 적용할 수 있도록 해주는 사회적 분위기가 중요하다.

S는 한국의 초등교육으로 기초를 다졌고 IB 교육으로 날개를 달았다. 두 교육 프로그램의 장점을 끌어내 긍정의 시너지를 만들어낼 한국형 IB 프로그램이 교육 혁신의 대안으로 다가오고 있다.

02

IB 국제 교육이
변화시킨 위기의
학생

질풍노도의 시기 중학생 아들을 곁에서 지켜보는 부모는 늘 불안하다. 아무리 착하고 느긋한 아이라도 그 시기를 조용히 비껴가는 법이 없다. 늘 긍정적이고 시험 점수에 일희일비하지 않는 행복한 아이였고 게임과 핸드폰, 원하는 음식만 있으면 세상에 부러울 것이 없었던 그 아이도 중2병을 겪고 있었다.

T는 서울에서 제주도 대정읍 대정중학교로 전학 왔다. 중2, 자신이 원하는 것이 뜻대로 안 되면 세상이 끝나는 줄 아는 시기에 전학은 아이에

게 감당하기 힘든 큰 도전이었다. 육지에서 제주도로 전학 온 T는 왕따 아닌 왕따를 당하고 있었다. 나중에 왕따라기보다는 그저 교우들끼리 서로 견제하고 두려워했던 시기였을 거라 회상했지만 그 당시 아이는 학교에서 힘든 하루를 보내고 학원을 다녀온 후 게임으로 시름을 풀었다.

하교 후 읍내에 있는 학원을 돌고 오면 7시가 넘었다. 이 아이는 그때부터 게임을 했다. 학습과제를 다 했냐고 물으면 학원 다 돌고 왔는데 좀 쉬자는 불평을 했다. 아이는 스스로 만든 동굴에서 나오기를 싫어했다. 새로운 환경에 적응하는 스트레스를 그렇게 풀고 있었다. 엄마 또한 새로운 직장과 지역에 적응하느라 시간을 많이 내주지 못했고, 중2 아들과의 갈등의 골은 깊어졌다.

엄마는 국제학교에 근무하며 거의 매일 야근을 했다. 아이를 학원 지옥에서 빼내고 아름다운 자연이 있는 가까운 시골 중학교에서 기르자는 마음으로 데리고 내려왔는데 또다시 아이는 학원과 게임의 무한 고리의 늪에 빠졌고 성적은 나아지지 않았다. 가장 큰 문제는 아이의 웃음이 사라진 것이고, 학습 동기를 잃고 대신 무기력증을 학습한 중2 질풍노도의 시기를 걷고 있는 것이었다.

T의 엄마는 외국에 있는 국제학교에 교사로 취직할 기회를 갖게 되었

다. 교사로 채용이 된다는 의미는 곧 자녀가 무상 교육을 받을 기회를 갖는다는 것과 같다. 엄마는 근무하고 있던 제주 국제학교의 다른 채용 기회를 정중히 거절하고 아이들과 함께 외국행을 감행했다. 가족과 같은 직장 동료들, 친구들과 함께 제주에서 살고 싶었지만 아들에게 새로운 기회를 줄 IB 교육을 위해 엄마는 또다시 새로운 나라로의 이주를 선택했다.

새로 전학을 간 학교는 IB와 영국 IGCSE를 함께 가르치는 학교였다. 중학교는 IGCSE를, 대학 입시 과정은 IB Diploma program(DP)을 제공했다. T는 베트남으로 오기 전 영어 집중 과외를 받았다. 중학교 공교육에서 배운 영어는 국제학교에서 영어로 학습하기 턱없이 부족했기 때문이다. 국제학교 고학년이 학습해야 할 과목은 높은 수준의 영어를 요했다.

베트남으로 오기 전 한 달 동안 집중해서 받은 과외의 결과는 별 도움이 되지 않았다. 한국 학제로 중2 겨울 방학에 전학을 간 아이는 8학년 2학기로 학년이 정해졌다. 6개월을 더 중학교 2학년으로 다닌 셈이다. 학생 수가 많지 않았던 생긴 지 얼마 되지 않은 학교였고 8학년은 T를 포함한 3명이었다. 한 명은 호주 국적 학생, 다른 한 명은 네이티브 급 영어를 구사하는 베트남 학생이다.

이 아이가 전학을 온 후, 학교는 발칵 뒤집혔다. 교사 회의에서 이 아이의 이름이 매번 거론되고, 수업을 전혀 따라오지 못하는 아이를 어떻게 지원할 것인지 토론이 진행되었다. 엄마는 자신의 아들 이야기를 조용히 듣고 있어야 했다.

아들에게 양질의 교육을 제공하고자 외국행을 감행했던 엄마는 새로운 직장에 적응하면서 아이들의 적응도 도와야 했다. T는 EAL 영어 교사가 전담으로 붙었다. 과제는 부모에게 전달되었고, 부모는 한국어로 과제를 설명해주었다. 다행인지 모르겠지만, IGCSE 영국 중등 과정은 교과서가 있었다. 영어를 자유롭게 구사하는 엄마한테도 중등 교과서는 도전이었다. 하지만 최선을 다해 아이와 함께 과제를 했다. 엄마는 모르는 단어를 함께 찾고 문제의 뜻을 이해하는 일에 서서히 지쳐가고 있었다.

하노이에는 한인 사회가 있어, 과외를 받거나 학원에 보낼 수 있다. 어떤 과목을 선택하여 집중할 것인지 아이와 함께 결정한 부모는, 한국 수학과 IGCSE 수학, 과학을 한국 과외 선생님께 배우기 시작했다. 배웠다기보다 숙제를 함께 해결해가는 수준으로 과외를 시작했다. 이 아이가 유일하게 잘하는 한국 수학을 놓지 않고 계속 시켰다. 한국 수학 과정과 영국 수학 과정은 같은 듯 달랐다. 그래도 한국 수학을 놓지 않은 이유는 혹시 국제학교에 적응하지 못할 경우를 대비한 이유도 있지만 한 과목이라도 잘하는 과목이 있어야 자존감을 지킬 수 있다고 생각했다.

영어 과외는 시키지 않았다. 영어는 학교에서 배우는 것을 이해하는 것으로 대신했다. 다른 과목 과외를 시키는 대신 학교 과제를 충실히 하도록 지도했다. 엄마는 학교 공부만 매일 집중해서 해도 영어는 충분하다고 생각했다. T는 2명의 학교 친구들과 매일 함께 영어를 사용했다.

한국 학생이 없었기 때문에 한국어로 도움을 받을 수는 없었다. 이 아이는 그냥 무작정 친구들에게 "I don't understand it. Can you explain it to me again, please?"를 들이댔다. 친구들이 설명을 해줘도 절반도 이해를 못하던 아이는 학년 기준으로 성적이 오르기까지 꽤 시간이 걸렸다. 한국에서도 그리 높은 성적을 유지했던 아이도 아니었다. 그러니 낙제만 하지 말자는 생각으로 8학년 2학기를 보냈다. 'A, B, C, D, E'의 성적 중 수학을 제외한 대부분의 과목에 D나 E를 받았다.

무작정 제주로 데려왔다가 겨우 시골 학교에 적응한 아이를 다시 베트남 국제학교로 데리고 나왔다. T의 영어 실력이 턱없이 부족해 엄마는 과목 선생님들로부터 항상 학습 우려의 이메일을 받았다. 게다가 T는 엄마의 희망처럼 열심히 학업에 집중하는 아이가 아니었다. IB DP 고등 과정은 스스로 학습해야 하는 어려운 과정이다. 1년 반 뒤에 그 과정을 스스로 할 수 있을지, 한국 학교로 다시 보내야 하는지, 엄마는 고민에 빠졌다. 그래도 엄마는 아이를 믿어주자 결심했다. IB 교육을 믿어보기로 했다. 힘든 시기를 잘 견뎌내도록 DP 고등과정에 필요한 학문적 지식의 기초를 쌓는데 온 힘을 쏟았다.

9학년이 되면서 아이가 변하기 시작했다. 몸무게는 여전히 100kg에 가까웠다. 한국에서 중학교를 다니며 학습한 무기력증은 쉽게 T를 변화시키지 못했다. 다만 한 가지 이 아이에게 변화가 생긴 것은 모든 학교의 체육 활동에 적극적으로 참여하기 시작했다는 것이었다. 학교 축구부 골키퍼가 되었다. 아무래도 공격수나 수비수로 뛰기는 무리였다. 시간이 지나고 T는 한 골, 두 골 공을 막기 시작하고, 국제학교 대항 축구 경기에서 우승도 했다. 제주도에서 해녀학교를 다녔던 아이는 수영 시간을 즐거워했다. 자기도 잘할 수 있는 일이 하나둘 생기니 자신감이 생기기 시작했다. 35도가 넘는 하노이의 여름 날씨에도 축구 연습을 빠지지 않았다. 몸무게는 점점 줄었고, 무언가 해내는 자신을 보며 자기 효능감

(Self-epicacy)이 커지기 시작했다.

그렇게 10학년 IGCSE 과정을 마쳤다. 성적은 꾸준히 향상되어 전 과목 B나 C를 받았다. 꾸준히 자신감을 보였던 수학 과목은 A를 받았다. DP 고등 과정이 되면서 아이는 또 다른 어려움에 부딪혔다. 6개의 교과군에서 세부 과목과 난이도를 선택하는데, 디플로마를 취득하려면 심화 레벨(HL) 3과목을 꼭 선택해야 한다. 또한 지식론, 소논문 등 깊은 지식과 생각을 요구하는 활동을 해내야 한다. 말하기와 듣기 능력과는 또 다른 깊이의 영어 읽기, 쓰기 수준이 필요했다. 다행히 한국 문학을 심화 레벨로 선택할 수 있었고 자신 있는 수학과 과학 과목을 심화과목으로 선택하고 영어가 많이 요구되는 과목을 일반 SL 레벨로 선택했다.

DP 고등 과정을 공부하면서도 T는 과제를 제 시간에 제출하지 않아 선생님께 이메일 경고를 받기도 했다. 그러나 T는 친구들에게 인기 있는 아이가 되었고 여전히 모든 스포츠에 적극적으로 참여했다. 매일 피트니스 센터에서 근력 운동을 했다. 무엇인가 꾸준히 하는 것에 대한 기쁨을 알게 된 아이는 어려운 DP 과정을 마칠 수 있는 힘을 얻었다. 배움에 접근하는 방법(Approach to learning)을 스포츠와 학교 CAS 활동을 통해 얻었다. 자기조절 기술, 대화하는 기술, 사회적 기술 및 조직과 계획 기술을 실제 몸으로 체험하며 얻었다. 학습을 하는 자세는 학습함으로만 얻어지는 것이 아니다. 5가지 ATL 학습 접근법을 실천하며 성장하는데 꼭 필요한 배움의 태도를 배웠고, 암기만을 평가하지 않는 DP 과정을 학습하며, 자신의 비판적 사고를 발달시켰다.

T는 영국 대학 사이버 보안학과에 입학했다. 대학교에서 주는 특별 장학금을 받았다. 엄마는 얼마 전, T에게 물었다. 한국 중학교에서 국제학교로 전학 와서 공부하고 대학을 가보니, 어떤 것이 다르고 좋았었는지. T는 시크하게 대답했다. "엄마가 나를 믿어준 거. 그리고 신경 덜 써준 거. 한국에선 엄마가 매일 나한테 신경 쓰는 게 실제 잔소리로만 들렸거든. 그리고 운동 열심히 할 수 있었던 게 좋았지. 여기 아이들은 공부 못해도 운동 잘하면 무시하지 않거든."

워킹맘으로 늘 신경을 써주지 못한 게 미안했던 엄마는 아들의 뜻밖의 대답에 놀라지 않을 수 없었다. 아이를 키우며 무엇을 중요하게 여겨야 하는지 다시 생각하게 되었다. 아이가 할 수 있다는 자신감을 갖고 실패해도 괜찮다는 믿음이 생기도록 부모로서 지켜봐주는 것이 중요하다는 것을 깨달았다. 공부로 자신감을 얻지 못하는 아이들이 자신이 잘하는 일을 통해 자기 효능감을 갖게 만드는 배움의 접근법도 T를 건강한 성인으로 성장하게 만들었다.

서로 다른 아이들의 차이를 인정하는 개별화 학습 및 공정한 평가, 학습자의 주도적 활동을 유도하고 개념 기반 과정 중심 학습을 지향하는 IB 커리큘럼은, 암기 위주의 줄 세우기 평가에서는 실패했을 T를 주도적인 삶을 사는 세계 시민으로 만들었다. T의 엄마는 스스로 IB 학습자상인 Risk- taker로서 삶을 리드하는 모습을 보여주었다. T는 자신의 삶에 새로운 어려움이 닥치더라도 이겨낼 수 있는 힘을 키웠고, IB 교육은 그에게 꿈을 실현할 힘을 주었다.

03

공교육에서 IB DP로 전환하여 미국 대학에 진학한 학생

베트남에 있는 한국 국제학교에는 2,000명이 넘는 한국 학생들이 학교를 다닌다. 베트남 주재원 가정뿐만 아니라 베트남에서 사업을 하는 가정의 자녀도 많이 다니는 편이다. 한국 국제학교는 한국 정규 교과과정을 제공하며 국내 대학 진학을 목표로 하는 아이들에게 인기가 높다. H는 초등학교 5학년 때 부모님을 따라 베트남으로 이주해 한국 국제학교를 다니게 되었다. 성실하고 욕심이 많은 H는 중학교에 가서도 상위권 성적을 유지했다. 베트남어와 영어 등 외국어에 실력이 뛰어났고, 외국인 선생님들이 가르치는 수학, 과학과목을 좋아했다.

H는 우연히 한인 잡지에서 IB 학교에 대해 알게 되었다. 잡지에 나오는 다양한 소식을 즐겨 읽는데 우연히 국제학교의 장학생 선발 광고를 보게 된 것이다. 원래 국제학교에 많은 관심이 있었던 H는 지원 마감 하루를 앞두고 지원에 성공했다. 중학교 3학년 1학기까지 한국 국제학교에서 성적도 상위권이었던 아이가 갑자기 IB 국제학교에 지원하겠다고 했으니 부모님의 우려는 당연했다. 그러나 H는 지원 과정 준비를 스스로 해내고 장학생으로 선발되었다. 국제학교의 학제는 8월에 시작하게 되므로 9학년 1학기로 입학했다.

한국학교에서 IB 국제학교로 전학을 하면서 H가 크게 느꼈던 다른 점은 교실 환경이었다. 한국 학교에서는 강단에서 교사가 강의를 하고 학생들은 앉아서 수동으로 듣는 경우가 대부분이었고 과목마다 비슷한 스타일의 교수학습이 반복되지만 국제학교에서는 학생들이 교실로 이동을 하고 과목마다 다른 교실의 환경에서 학습을 한다. 강단이 없는 교실에서 교사들은 학생들에게 자유롭게 다가가고, 아이들과의 대화로 수업을 이끄는 것이 좋았다. IB 교사들의 교실 운영 방법(Classroom management method)과 교수전략(Teaching strategy)이 학생들의 창의적이고 비판적 사고를 중시하는 방향으로 흐르는 점도 좋았다.

또 인상적이었던 점은 학습용 IT 기기를 자유롭게 사용하는 것이었다. 자유에 따른 책임을 가르치기 위해 IT 활용 규칙을 함께 정하고 지킨다. 필요한 지식을 스스로 검색하고 연구하는 프로그램에 IT기기 활용은 필수였고 컴퓨터 활용 능력도 향상됐다.

6과목을 제외한 지식론(Theory of Knowledge)과 소논문(Extended Essay), 창의체험봉사활동(Creativity, Activity, Service) 등이 매우 생소하고 당황스러웠다. 영어에 자신이 있어도 이제껏 암기식 학습에 젖어 있었던 사고를 IB 교육에 맞게 전환하기 상당히 어려웠다. 배움의 양도 많고 힘들었지만 자신을 믿고 지지해주는 부모님을 떠올리며 최선을 다 했다.

'지식론은 '우리가 안다는 사실을 어떻게 아는가?'라는 핵심 질문에 대한 탐구를 함으로 비판적 사고를 훈련하는 과정으로 2년간 100시간 과정을 이수하고 프레젠테이션과 1,600단어 에세이를 작성한다. 소논문은 논문 형식의 4,000자 에세이를 쓰는 것으로 학습하는 과목 중 관심 있는 분야를 연구한다. 창의체험봉사는 3가지 영역으로 나누어 최소 150시간 활동을 이수해야 한다. 학업을 제외한 다양한 활동을 권장하고 지역사회

에 봉사할 기회를 갖는다.'

H가 IB 교육을 받으면서 좋았던 점은 원하는 과목을 선택할 수 있었던 것이다. 관심 있는 과목과 잘할 수 있는 과목을 파악하고 심화 3과목 일반 3과목으로 나누어 학습의 깊이와 양을 조절할 수 있었다. 대학에서 전공하고 싶은 학과와 관련한 과목을 집중하여 연구하고 학습할 수 있었던 것이 좋았다. 단점이라고 하면 역시 방대한 학습의 양이었다. 영국 고등교육과정인 A level의 경우 3과목에 집중하는 반면 IB는 3과목 심화, 3과목 일반, 코어 3개 영역까지 해내야 하는 것이 매우 버겁고 어려웠다.

H는 자신이 IB PYP 초등과정과 MYP 중등과정을 접하고 DP를 할 수 있었다면 IB 교수법과 교육과정이 자연스럽게 느껴질 수도 있었겠다는 생각이 들었다. 과목을 초월한 탐구와, 개념적 사고, 프로젝트 완성 등 한국 교육에서 접하지 못했던 생소한 학습이 큰 도전이었다.

H는 미국 대학에 진학하여 초등교육을 전공하고 있다. IB DP 과정이 대학 생활에 어떠한 도움이 되는지 물었다.

"친구들이 저를 보고 한국어보다 영어를 더 자신 있게 쓴다고 해요. 제 생각엔 제가 거침없이 제 생각을 말하고 에세이를 어려워하지 않기 때문에 그렇게 생각한 것 같아요. DP 과정이 어려웠지만 세상과 지식에 대해 비판적이고 창의적으로 사고하는 훈련을 했고 배움의 접근법을 통해 성인이 되어서도 필요한 필수 기술들을 익혔기 때문에 쉽게 대학생활에 적응할 수 있었어요. 아이러니하게도 제 글쓰기 실력은 특히 과학과목을 배우면서 향상되었던 것 같아요. 단답형이나 사지선다형 문제가 아닌 서술형 문제가 많았거든요."

H는 DP 과정에 선택한 프랑스어와 수학과목의 점수를 대학에서 크레딧으로 인정받았다. 1학년에 제2외국어를 2과목 선택해야 하는데 DP 과정에서 수학한 프랑스어로 학점이 대체되었고 수학과목 또한 DP 점수로 학점이 대체되어 9학점을 인정받았다.

H는 IB 학습자상인 열린 마음을 갖고 도전하는 학생의 표본이었다. 한국 중학교에서 DP 고등 과정으로 전학한 H는 우수한 성적을 가진 학생이었음에도 새로운 프로그램으로의 적용이 버거웠다. 그러나 IB 교육과정의 선택은 미래 인재가 되기 위한 가치 있는 도전이었고 IB를 통해 습

득한 역량과 비전은 H를 세계 시민으로 변모시켜 당당하게 새로운 도전을 맞이할 수 있는 힘을 키워주었다.

교사들을 IB 교사로 준비시키는 기간이 필요하듯, 학생들도 IB 교육프로그램을 받아들일 시간도 필요하다. 따라서 IB PYP 초등과정을 적극 도입하여 학생들이 탐구 중심 학습에 적응하고 개념적 이해를 바탕으로 창의적 · 비판적 사고를 할 수 있도록 학교에 많은 기회를 만들어주는 것이 중요하다.

정부에서 추진 중인 '교과서 자유 발행제'는 교사에게 교과서 채택 및 사용 여부에 자율성을 줄 것이며, 초등 PYP 교육과정의 특징인 교과서가 없는 프로그램을 구현하는 데 절호의 기회가 될 것이다. DP 고등 과정은 IB의 인증을 받아야 프로그램을 운영할 수 있지만 초등 PYP 과정은 IB 후보학교가 되면 바로 실행이 가능하다. 학생들이 초등학생부터 IB 교육을 경험하도록 한다면 한국형 IB DP를 통한 대학 입시 체제 실시가 성공적으로 안착하게 될 것이다.

04

IB 국제학교 교사가 말하는 IB 교육

H는 교사 경력이 20년이 넘는 유능한 IB 교사이다. 그녀는 뉴질랜드 출신으로 제주 국제학교에서 초등 담임 및 기숙사의 총사감으로 근무했다. 처음 제주에 국제학교가 설립되던 해 창립 멤버로 부임을 한 후 그녀는 약 8년간 IB 교사로 근무했다. 아시아에 있는 국제학교 중 처음 근무하게 된 곳이 제주 국제학교이며 제주도의 매력에 푹 빠졌다. 부부가 모두 교사로, 학생들에게 언제나 부모님 같은 사랑을 나누어주었다.

그녀는 처음 IB 교사로 근무를 시작했던 학교에 대한 이야기로 대화를 시작했다.

"당신의 IB 교사 경력에 대해 이야기해주시겠어요?"

"저는 뉴질랜드에서 교사였고 영국 교육 프로그램으로 가르치는 학교에서 근무했어요. IB를 접한 지 오래지 않아 제주로 오게 되었지요. 한국에 있는 국제학교에서 근무하기로 결정했을 때 별로 두렵지는 않았어요. 교사로서 경험이 충분했고, 이미 한국에서 근무하고 있는 지인들이 많았어요. 한국은 교육열이 높은 나라라, 열심히 학업에 집중하는 학생들이 많을 것이라 생각했으니까요."

H는 첫 근무를 중학교의 기숙사 사감으로 시작했다. H는 대부분 처음 IB를 접한 중학생들을 만났다. H의 생각이 맞았다. 학업에 집중하고 가르침을 익히는데 뛰어난 학생들이 많았다. 그런 학생들이 교사의 질문을 두려워했다. 옳은 답을 찾고 일등이 되어야 하는 교육에 적응해 있던 학생들은 "어떻게 생각하니?"에 대한 간단한 교사의 질문에 자신의 생각을 발표하는 것부터 어려워했다.

MYP(Middle Year Program) 중등 과정은 교과서가 없는 통합교육을 실시한다. 교과목 간의 지식과 기능이 연계되는 과정으로 학생들은 교사 및 학생들과의 협업을 통해 학습하고, 개인 프로젝트를 진행하고 리포트를 작성한다. 학생이 스스로 관심을 갖는 분야를 정하여 학습과 리서치를 주도하게 된다. 한국 공교육에서 교육을 받고 IB 학교에 입학한 학생들이 자신의 관심 있는 분야를 파악하는 것도 어려웠을 것인데, 개인 프로젝트라니, 아이들의 스트레스는 엄청났다.

"학생들은 자신의 생각을 말하도록 훈련받지 못한 듯했어요. 그러나 MYP 커리큘럼으로 학습을 한 지 얼마 지나지 않아 학생들은 자신의 '목소리(Voice)'를 찾았어요. 긍정적인 마인드로 활발하게 질문했고, 깊이 생각하는 모습을 보는 것이 정말 기뻤어요."

H는 그 후 초등교사로 근무한 경험을 이야기해주었다.

"학교에서 기억에 남는 에피소드를 이야기해주실 수 있나요?"

"처음 8~9살 어린 아이들을 만났을 때, 아이들이 저를 두려워하는 모습이 보였어요. 너무 친절한 외국인 선생님 앞에서 긴장한 모습을 보였다고 할까요? 교사와 학생은 상하관계가 아니에요. 배움의 여정을 촉진하는 촉진자와 탐험가의 관계지요. 정답을 말하지 못할까 두려워서 자신의 의견을 내지 못하는 아이들이 IB 교육을 받으면서 점점 바뀌는 것을 볼 수 있었어요. 학생 주도 회의(Student-Led conference)가 열리는 날, 자신의 배움을 자신 있게 발표하는 모습을 보는 부모님들도 아이의 놀라운 변화를 믿지 못하는 눈치였죠. 아이들은 경쟁의식 속에서 최고가 되기 위해 공부하는 것이 아니라, 함께 협동하는 법을 배우고 또한 독립적으로 자신만의 배움의 여정을 걷게 바뀝니다."

H가 근무했던 뉴질랜드의 학교는 영국 커리큘럼을 통해 학습하며 교과서가 있다. 한국의 교육 시스템과 비슷한 점이 많았을 거라고 한다. 교사도 새로운 커리큘럼을 시행하려면 배워야 할 것들이 많다. 그는 "IB Language"라고 불리는 IB 어휘들을 이해하고 프로그램을 교육에 접목하려 많은 노력을 해야 했다고 했다.

"만약 한국 초등학교에서 처음 IB PYP 교육을 실행하고자 한다면, 유능한 PYP 코디네이터가 있어야 한다고 생각해요. 교사들의 리더가 잘 이끌어 주어야 교사도 학생들을 잘 가르칩니다. 예를 들어 4학년이 3개 반이 있다고 생각해보세요. 학습 목표, 성과 기준, 평가 조정 등 모든 4

학년 학생들에게 같은 수준의 교육을 제공할 수 있도록 코디네이터가 관리하는 것이 중요하죠. 저희 학교의 코디네이터와 교수 회의를 할 때면, 교사도 IB 학생이 된 것처럼 질문으로 시작합니다."

6개의 초학문적 테마에서 학년에 맞는 중심 생각을 정했다면, 그 질문을 놓고 4학년 3개 반 담임들 모두 함께 질문을 한다. 아이들을 성취해야 하는 것은 무엇이지? 아이들의 학습을 성취했다는 것을 어떻게 알지? 이 중심 생각에 관심을 갖도록 어떤 자료들을 이용하는 것이 좋을까? 등 교사들도 수많은 질문에 대한 답을 찾으며 수업을 계획한다.

H는 어떻게 초학문적 단원을 학습하는지 그 과정을 소개했다.

"교사들은 회의에서 아이들의 흥미를 유발할 가장 좋은 질문을 모읍니다. 이 질문들이 아이들의 생각을 열기 때문이죠. 만약 Sharing the planet(함께하는 지구) 탐구 단원(UOI)을 계획한다고 생각해보세요. 아이들이 관심을 가질 만한 물건이나 사진들을 전시합니다. 플라스틱으로 오염된 바다, 벌목 현장의 열대 우림 지역, 공기 오염으로 인해 위험에 처한 나라들 등의 자료를 본 학생들에게 'I see, think, wonder'의 순서로 포스트잇에 생각을 쓰도록 합니다. 여기서 가장 중요한 생각의 단계는 바로 'wonder'이지요, 아이들이 궁금한 점이 생기기 시작합니다. 이것이 바로 탐구(Inquiry)를 하고자 하는 흥미 유발이라고 할 수 있지요. 그다음의 단계도 중요한데요, 만약 같은 학년이 함께 포스트잇 활동 한다면 반별로 다른 색을 주는 것이 좋습니다. 그래야 친구들이 자신과 같은 생각을 하거나 혹은 다른 생각을 하고 있는 것을 보고 다른 사람의 생각을 읽을 수 있어요. 질문에 대한 답을 찾기 위해 리서치가 시작되고, 다른 의견에 대한 이해가 생깁니다. 아이들은 탐구 목록을 통해 학습한 후 내가 할 수 있는 일(Action)을 찾습니다. 이 과정에서 진짜 정답은 없습니다. 보통 평가는 진단, 형성, 총괄 평가로 나뉘지요. 진단 평가는 학생들의 사전 지식의 정도를 파악하여 학습 계획의 방향을 결정하는 데 도움이 됩니다. 형성 평가는 탐구 주제 목록과 관련한 자신의 질문에 대한 답을 찾는 것이고요. "질문에 대한 답을 찾았니? 그렇다면 너의 이해를 어떻게 보여줄 거야?"라고 물으면 학생들은 자신이 가장 잘하는 방법을 이용하여 자신의 이해를 보여줍니다. 그림을 그리거나, 수학적으로 계산을 하거나 혹은 드라마를 통해 표현합니다. 이러한 총괄평가를 통해 학생들은 자신의 배움을 다른 학생들과 나누죠. 진정한 평가는 다른 친구들과 선생님의 평가뿐만 아니라 자신이 성찰하는 것도 중요합니다."

"당신이 생각하는 한국 학생의 장단점은 무엇일까요?"

"한국 학생은 수학 과목에 가장 자신감을 보여줍니다. 그런데, 연산과 같은 계산을 잘하는 반면 수학을 실생활에 적용하는 방법에 약해요. 곱하기는 잘하지만 왜 곱하기를 배워야 하는지 이해하지 않은 상태에서 기계적으로 계산을 한다고 할까요? 단점은 아니지만 한국 학생들이 실패를 경험할 기회가 적다는 부분을 말하고 싶어요. 자꾸 실수해봐야 고치고 더 나아지지요. 이것이 바로 배움의 여정이니까요."

"당신이 생각하는 한국 학부모님의 특징을 말해주세요."

"자녀에게 배움의 주도권을 주는 것을 두려워하는 것 같아요. 학생들이 스스로 주도하여 학습하고, 실수에서 배우며 자기 효능감을 키우도록 두셨으면 좋겠어요. 자녀에게 좋은 질문을 하려면 질문을 만드는 연습을 하는 것도 좋을 것 같습니다. 부모가 자신의 학습에 관심을 갖고 질문을 해준다고 여기기만 해도 아이들은 기쁘게 자기만의 배움의 여정을 공유합니다. 안전하다고 느끼는 배움의 환경에서 아이들은 행복하게 자라니까요."

"한국 공교육에 IB를 도입합니다. 성공적인 IB 교육 실행을 위해 교육

공동체가 해야 할 일은 무엇이라고 생각하나요?"

"앞서 말씀드렸지만, 경험 있는 PYP 코디네이터 선생님이 학교에 있어야 합니다. 교육공동체의 중요한 일원인 학부모님들에게도 PYP 관련 연수를 해주실 수 있고, 지역사회와 연계한 초학문적 학문 테마 탐구를 효과적으로 실행할 수 있도록 교사들을 모니터하고 장려해줄 수 있으니까요. 그리고 학부모님들과 자녀의 대화가 중요합니다. 학부모님께서 자녀의 학업에 대해 질문하는 것도 중요합니다만, 자녀가 집에 돌아와 학교에서의 학습과 관련한 많은 질문을 할 때 관심을 가져주세요. 그러나 제일 중요한 것은 자녀를 믿는 것입니다. 자녀 스스로 하고자 하는 행동을 실천할 수 있는 능력을 키우도록 지켜봐주세요. 어느새 IB 학습자상을 장착한 탐구자로 변모한 자녀의 모습을 보게 될 겁니다."

05

한국 학생을 사랑하는 IB 전문가이자 국제학교 교장이 말하는 IB

N은 인도네시아의 국제학교 총교장이자 디플로마 코디네이터이다. 그는 ○○○○년 처음 서울에 있는 국제학교에서 근무를 시작하며 한국을 알게 되었다. 영국인이자 불교신자인 그는 IB 교육자로 20년 넘게 경험을 쌓고 있는 전문가이다. 그는 과학 교사가 되기 전에 벌목현장에서 일하는 전문가였다. 씨티 테크놀러지 대학에서 처음으로 IB 교육을 접했으며 IB 교육에 매료되어 지금까지 20년 넘도록 IB 경력을 지속하고 있다.

"IB는 정부에 의해 조정되는 것이 아니라 교육자들에 의해 운영됩니다. IB는 성적을 위한 교육이 아니라 세상을 더 나은 곳으로 만들기 위한 교육을 제공하지요."

IB 교육은 철학적인 배경이 있다. N은 IB 교육의 설립 교육자들의 경험을 말해주었다. 이 교육 프로그램을 계획한 교사들은 제 2차 세계 대전을 모두 경험했다. IB 프로그램의 2가지 목적 중 하나는 세계 여러 나라에서 인정되는 학력을 증명하고 세계 대학에 쉽게 입학하게 하기 위함이었다, 다른 목적은 평화로운 세상을 만들기 위함이었다.

그는 서울에 있는 국제학교에 DP 코디네이터로 부임하게 되었다. 그는 지금도 이 학교에 대단한 자부심을 가지고 있다. 그리고 여러 나라에서 근무한 경험이 있지만 아시아에서는 한국이 첫 학교인 만큼 설레기도 하고 기대에 부풀었다고 한다.

"한국에 있는 IB 스쿨에서의 경험을 이야기해줄 수 있나요?"

"그럼요. 나는 많은 실수를 했습니다. 한국에 대해 전혀 몰랐기 때문이죠."

“한국이 문화적으로 IB를 싫어하는 것이 아닙니다. 그러나 한국의 교육적 이념과 IB를 연결하는 것이 어려웠죠. 지인인 한국인 행동과학 의사인 조 박사에게 ‘타이거 맘’을 이해하지 못하겠다고 한 적이 있습니다. 그러자 닥터 조는 나에게 한국의 문화를 이해하려면 삼강오륜에 대해 알아야 한다고 했습니다.”

N은 삼강오륜이 IB와 전혀 반대되지 않는다고 했다. 한국의 문화도 교육을 중심에 두며 IB 또한 그렇다. 2000년 지속된 유불교적 철학을 바탕으로 지속된 한국의 교육과 200년이 채 되지 않는 서양의 교육의 우위를 비교하는 것은 옳지 않다고 했다. 다만, 철학적 근본이 같음을 이해하는 것이 중요하다고 주장했다.

“IB 교육은 세상의 평화를 위해 만들어졌다고 해도 과언이 아닙니다. IB 교육이 처음 시작한 세계의 정세를 살펴보면, 2차 대전을 지나며 전쟁, 대립 다툼 속에 많은 사람들이 고통을 당했죠. 교육이 어떠한 역할을 해야 하는지 진정한 고민이 일어납니다. 여러 나라의 교육과정을 연구하여 전 세계의 교육에 적용이 가능한 프로그램을 시작한 겁니다.”

N은 유교적인 사상에 매료되었다. 유교의 사상과 IB 교육의 이념이 연결되어 있다고 보았다. 유교에서 강조하는 '인의예지신'의 기본적 덕목이 IB 학습자상과 다르지 않다고 판단하였다. 불교와 유교의 영향 아래 교육의 기틀의 생기고 2,000년 동안 이어온 한국 교육이 통째로 틀렸다고 보아서는 안 된다는 게 그의 주장이다.

한국의 유교적 사상이 성행하게 된 배경과 유럽에서의 IB 성장 배경은 매우 유사하다. 더 나은 사람이 되고자 하는 비판적 사고가 기반이 된다. 1960년대 동서양 사상이 만나고 평화를 바라는 운동이 지속되는 가운데 IB 교육이 탄생했다는 것이다.

그는 지금도 첫 학부모 상담을 기억한다.

"왜 가르치지 않은 것을 평가하는 거죠?"

DP 고등과정에 있는 자녀의 학부모였다. 한국 교육 커리큘럼에 익숙했던 학부모와 학생은 선생님들이 가르치고 암기하고 시험을 보고 평가를 받는 전형적인 구조에 익숙해 있었다. 그러다 아이가 IB의 교과서 없는 자기주도적 탐구 프로그램을 접하고 받은 첫 평가 점수를 보고는 충격에 빠진 것이었다.

N 선생님은 그 학부모님과 여덟 번의 미팅을 가진 후, 많은 것을 깨달았다. 교사가 중심이 되어 가르치는 학습에 익숙한 교실에 IB 프로그램을 적용하려면 많은 설명과 이해가 필요하다는 것을. 그는 한국의 문화와 역사에 대해 학습하기 시작했다. 그리고 한국의 교육과정이 IB와 어떻게 연결되어 있는지 연구했다. 불교와 유교에 특히 관심을 갖기 시작하면서, IB 학습자상, IB의 교육 목표가 어떻게 연결되어 있는지 연구했다.

그래서 그가 학교에 부임하고 가장 먼저 한 것은 지속적인 학부모와의 대화였다. IB 교육과 이념에 대한 부모의 이해가 없다면 자녀의 교육이 성공하지 못할 것이라 판단했다. 또한 한국의 교육 문화를 이해하고 IB를 접목시켜 시너지를 일으킬 수 있을 것인지 연구했다.

N은 한국의 학부모들이 매우 중요하게 생각하는 것은 최선을 다해 열심히 학업에 집중하는 것이라 말한다. IB의 미션 스테이트먼트에도 'rigorous'라는 단어가 나온다. 이는 '엄격한 혹은 철저한'이란 뜻으로 학

업을 대하는 학생의 중요한 자세를 의미하기도 한다.

"나는 학부모님들에게 IB에 대해 이야기를 할 때, 한국의 그것과 비슷한 점을 들어 설명했습니다.(Korean-like IB) IB는 유럽이 아니라 아시아 학생을 위한 커리큘럼이라고 해도 과언이 아닙니다. 더 나은 세상을 만들기 위해 더 나은 사람이 되도록 가르치는 성리학적 가르침은 바로 IB이기 때문입니다."

그는 한국부모의 문제점이 무엇이라고 생각하는지에 대한 질문에 아무것도 없다고 답했다. 다만 문제는 학교가 부모님들에게 자세히 설명하지 않는 것이라고 주장한다. 그가 근무했던 국제학교의 학부모는 학교에 지대한 관심을 갖는 학부모들이 많았다. 그럼에도 IB를 실행하는 데 많은 시간이 걸렸다는 것을 간과해서는 안 된다고 주장했다.

그는 가르쳤던 학생들 중 기억에 남는 학생의 이야기를 해주었다. 그 학생은 모든 스포츠에 만능인 학생이었다. 부모님은 그가 의대에 지원하는 것을 원하셨으나 학생의 IB 성적이 그에 미치지 못했다. 보통은 45점 만점에 40점 이상의 점수가 되어야 의대 지원이 가능하다. 그러나 이 학생의 경우 예상 점수가 매우 낮았다. N 선생님은 학생의 학부모와 미팅을 갖고 4점 과목들을 5점으로 올리는데 필요한 ATL(배움에의 접근 방법)에 대해 대화를 나눴다.

이 학생은 필요한 스킬들을 기르며 자신의 학습 여정에 주인이 되려고 노력했다. 그는 IB를 마친 후 스포츠 매니지먼트 관련 학과에 입학했다. 부모님들이 원하는 직업이 아니라 그가 진정으로 학습하고자 하는 과를 선택했다. 그는 현재 의사보다 훨씬 많은 연봉을 받고 세계 여러 나라에서 전문가로 일하고 있다.

아이들이 일생을 사는 동안 미래에 몇 번의 직업을 바꾸게 될지 아무도 모른다. 중요한 것은, 그들이 어려움에 직면하더라도 그 어려움을 해결해가려는 리스크 테이커로서의 한 발을 스스로 딛는 것이다. 그리고 자신이 좋아하는 일을 할 수 있는 지원을 뒷받침하는 부모의 역할이 중요하다고 말한다.

"세상의 평화를 말하는 교육 프로그램인 IB로 학습하는 아이의 마음에 평화가 없다면 무슨 의미가 있을까요? IB는 엄격한 학습을 지향합니다. 매우 어려워 디플로마를 받은 과목을 대학에서 학점으로 인정을 받기도 합니다. 그러나 타이거 부모의 체면을 위해 아이가 희생당하는 것은 이제 지양해야 합니다. 아이와의 진지한 대화, 아이가 흥미로워하는 것에 대한 부모의 진지한 관심이 중요합니다."

그는 한류에 대해서도 진지한 대화를 이어간다. 그는 한국 밖에서 보는 한국의 매력은 이제 더 이상 한국의 자동차나 전자제품이 아니라고 주장한다. 싸이의 〈강남스타일〉에서 시작해 BTS의 음악을 듣고 〈오징어 게임〉을 보는 외국인들이 보는 한국은 바로 'Creative' 자체다.

"한국에서 지내며 가장 안타까웠던 것은 모든 건물의 일층에는 은행이나 커피숍이 즐비하다는 것입니다. 그러나 건물의 2층에 있는 가게들을 보세요. 바로 그곳에는 무언가 만들어내고 배우는 작은 가게들이 있습니다. 바로 그 조그만 가게에서 창조해내는 것들이 한국의 장점입니다."

"PYP 초등 학부모라면 자녀를 어떻게 지원하면 좋을까요?"

마지막 질문에 N은 이렇게 답했다.

"Be interested in anything your kids do. Don't judge. Don't compare with anybody else!"

"자녀의 학업의 여정에 관심을 가지세요. 그 어떠한 사소한 것이라도

요. 그리고 한국의 교육 시스템과 비교하여 자녀를 판단하지 마세요. 자녀가 무엇을 배우고 있는지, 무엇에 관심을 갖고 매료되었는지 대화하세요. 자녀가 학교에서 읽은 책에 대해 부모님께 이야기하는지 확인하세요. 자녀가 스스로 완성한 프로젝트에 대해 부모님께 설명하는지 생각해 보세요. 아이가 주도적으로 자신의 학습을 이끌어나갈 때 진정한 학습이 이루어집니다. 그 배움의 여정을 함께 축하해주는 것이 부모가 제공해야 할 서포트입니다."

06

계약직 교사에서 국제학교 IB 전문교사로

J는 베트남에 있는 영국 국제학교의 랭귀지 교사이다. 제주도의 국제학교에서 베트남으로 이직한 지 7년 차 되는 교사이다. 현재 IB 공식 워크숍 리더로 교사들의 IB 연수를 맡고 있다. 또한 PYP 코디네이터 서포터로 랭귀지 분과를 맡은 경력이 있다. IB 교육 경력 10년 차인 J는 한국에서 계약제 교사로 근무한 경력이 있고 영국의 교육 컨설팅 본사에서 7년 정도 일했다. 베트남으로 오기 전 제주의 국제학교에서 시니어 리더십 팀, 인사과 매니저로 근무했다.

J는 20여 년 전 영국에서 한국으로 귀국한 후 경단녀가 되었다. 영국 교육 컨설팅 본사에서 일했던 그녀지만 경력을 살려 다시 취업하기란 여간 어려운 일이 아니었다. 게다가 어린 자녀를 양육하며 할 수 있는 일자리는 많지 않았다. 우연히 경기도 초등학교 부설 영어 학습 센터에서 교사를 채용한다는 소식을 접했다. 그녀는 캐나다 테솔 자격증이 있던 터라 교사로 취업에 성공했다. 영국에서 거주하며 쌓은 영어 능력도 취업에 도움이 되었다.

영어 학습 센터는 말 그대로 학교 내 영어학원이었다. 사교육을 자유로이 받지 못하는 학생들에게 실제적 영어교육을 하는 거점이 되었다. J는 교장 선생님의 적극적 후원을 받아, 4명의 교사들과 함께 수업 계획안을 만들었다. 학생들이 정규 수업을 받는 대신 영어 센터로 등교해 일주일 동안 영어만 쓰는 학습을 할 수 있도록 기획했다. 원어민 교사들과 함께하는 체험 위주의 영어수업을 제공했다. 매주 금요일에는 학부모님들을 초대해 학생들의 학습을 함께 축하해주는 발표회를 열었다. 영어센터는 지역 학부모의 큰 호응을 얻었고 오전 정규 수업 및 오후 방과 후 수업으로 나누어 운영했다.

몇 년 후 학교의 관리자가 바뀌고 센터의 운영 정책이 달라졌다. 영어체험수업의 테마로 운영되던 영어 거점센터의 교육 커리큘럼 대신 교과서 위주의 정규 수업 지원방향으로 바뀌었다. 원어민 교사와 한국인 교사는 더 이상 센터의 프로그램을 운영하지 않고 각 학년 교실로 이동해 영어 보조 교사의 역할을 맡았다. 계약직 교사는 학교의 운영 방침을 따라야 하며, 교과서로 가르치는 교실 내 영어 수업에서 비판적 · 창의적 사고 역량은 중요하지 않았다.

J는 커리어에 대한 심각한 고민에 부딪혔다. 고용의 불안과 성장의 한계를 보았다. 인생의 중반, 경단녀였던 그녀의 계약직 교사로서의 선택은 그렇게 갈 길을 잃고 있었다. 아이를 양육해야 하는 엄마지만 전문가로 성장할 수 있는 직업을 갖고 싶었다. 그러나 상황에 맞게 타협한 직업은 미래가 보이지 않았다. J의 급여는 대부분 자녀의 학원 과외비로 쓰였고, 전업 주부들처럼 아이들을 챙기지 못해 늘 미안했다.

그러던 어느 날, 그녀는 제주에 국제학교가 설립된다는 소식을 들었다. 영국, 캐나다, 미국 등의 선진 국제학교가 속속들이 오픈하고 있었고 많은 직원 채용이 시작되었다. 문득 그녀는 영국에서 거주 시 법적 가디언으로 맡아서 돌보았던 학생들이 떠올랐다. 그 아이들은 국제학교에서 자유롭고 창의적인 학창 생활을 보냈다. J는 매일 학원을 전전하는 자신의 아이들에게 더 나은 교육을 제공하기 원했다. 그녀의 마음속에 제 2의 인생 전환기를 원하는 마음이 자라고 있었고 국제학교는 인생의 전환을 맞을 수 있는 기회인 듯했다.

그녀는 영어정교사가 되기 위한 대학원 진학을 포기했다. 장학금을 받고 국립대학원에 합격했지만 국제학교 행정 직원을 선택했다. 국제학교의 교사는 국제학교 경력이 2년 이상이어야 하고 대부분 외국인 원어민 교사를 채용한다. 그녀는 미술교육과, 유아교육과와 영문학을 전공했지만 국제학교 경력이 없으므로 교사로서의 채용 가능성은 적었다. 그러나 영국에서 거주하며 영어를 비교적 자유롭게 구사할 수 있는 장점이 있어 행정 직원으로의 취업에는 자신이 있었다. 그녀는 우물 밖으로 나왔다. 익숙한 직장과 지역을 뒤로 하고, 아이들을 남편과 부모님에게 맡겼다. 주말 엄마로서의 삶을 선택하면서 제주로 이직을 했다.

행정 직원으로 취업을 한 J는 처음으로 IB 교육에 대해 접하게 되었다. 근무하는 국제학교는 초, 중, 고 모두 IB를 인증받은 학교였다. 그녀는 교사에서 행정직원이 되었지만, 교사 채용과 관리 업무를 맡고 시니어 리더십 팀이 되면서 국제학교 시스템과 IB 프로그램에 대해 더욱 자세히 알 수 있었다.

국제학교에는 전 세계 여러 나라 국적의 교사들이 채용된다. IB 국제학교에는 IB 경력이 있는 전문 인력이 채용되며 교원들은 매년 전문 교육(Professional development) 기회를 갖는다. 학교는 교사들의 IB 연수를 적극 장려해야 한다. 전 세계 교사들이 함께 모여 2박 3일 연수를 받거나 IB 전문가를 학교로 초청하여 전 교사가 함께 연수를 받는다. 그렇게 연수를 받아야 연수 자격증을 받으며 1~3 레벨의 다양한 연수가 제공된다. 가르치기만 하는 교사가 아니라, 꾸준히 자기 계발에 힘쓰고 학습하는 라이프 롱 러너가 되도록 적극적으로 협조한다.

국제학교 교사의 경우 보통 2~3명의 자녀가 무상교육을 받을 수 있는 혜택을 얻는다. 국제 의료 보험 혜택이 있고 학교에 따라 사택이 제공된다. 1년 근무일수는 보통 180~185일 정도이며 1년에 1회 고향 방문 가족 항공권이 제공된다. 이 모든 혜택은 높은 수준의 교사들을 채용하기 위한 패키지이다.

J는 일주일 동안 열심히 일하고 금요일이면 서울로 올라오는 주말 엄마의 삶을 살았다. 아름다운 제주 국제학교에서 근무를 했지만, 제주의 풍경은 출퇴근 시에 잠깐 보는 게 다였고 야근은 자연스러운 일상이 되었다. 매주 금요일이면 급하게 운전해 공항에 가야 하는 위험한 삶을 지속했다. 열심히 일하며 직장에서 인정을 받았지만 그녀의 인생은 계약

교사였을 때와 많이 달라지지 않았다. 여전히 그녀의 급여는 교통비로 모두 소진되었고, 자녀를 돌보지 못하는 워킹맘의 죄책감은 전혀 줄어들지 않았다.

1년쯤 뒤 그녀는 '주말 엄마'를 그만두고 아이들을 제주로 전학시켰다. 야근을 밥 먹듯 했지만 더 이상 아이들을 부모님의 손에 맡길 수는 없었다. 당시 제주 이주가 붐이었고, 국제학교는 아니지만 제주의 아름다운 환경에서 아이를 양육하는 것이 옳은 선택이라 생각했다. 조부모님의 도움 없이 아이들을 양육하는 것은 그녀에게 또 다른 도전이었다. 그러나 그녀는 미래를 생각하며 새로운 도전을 마다하지 않았다. 자녀들은 다행히도 잘 적응해주었고, 제주의 시골 학교는 도시의 학교와 다른 장점이 있었다.

국제학교에 근무하며 자연스럽게 국제학교에 다니는 학생들을 관찰할 기회가 생겼다. IB 교육을 통해 스스로 탐구하는 학생으로 자라는 아이들을 보며 J는 또다시 꿈을 꾸기 시작했다. 공립학교에서 기간제 교사로서 한계를 느꼈던 교사였던 J는 IB 교사가 되기 위한 공부를 시작했다. 그녀의 현실은 100명의 교사를 채용하고 관리하는 바쁜 행정직원이었다. 그러나 원하는 국제학교 교사로 채용이 되려면 지금 무엇을 해야 할

지를 늘 생각하고 고민했고 작은 실천을 미루지 않았다.

계약직 교사였던 J는 우물을 벗어나 국제학교라는 강을 만났다. 워킹맘으로서의 삶은 크게 바뀐 것 같지 않게 분주하고 남는 게 없는 듯했다. 그러나 그녀는 국제학교의 교사와 학생을 관찰하며 교사로서 어떤 자질이 중요한가 늘 성찰했다. 자신의 자녀를 국제학교에서 자라게 해야겠다는 굳건한 마음을 가다듬었다. 여전히 야근을 밥 먹듯 하면서도 그녀는 교사가 되기 위한 학습을 놓지 않았다.

몇 년 후 그녀는 베트남에 있는 국제학교의 랭귀지 교사로 취업하게 되었다. 베트남은 한국인 학생이 많은 지역이라 학교는 통역을 담당하며 국어를 가르칠 수 있는 교사를 찾고 있었다. 또다시 익숙한 환경을 떠나야 하는 도전에 직면했지만 그녀는 망설이지 않았다. IB 국제학교 교사는 그녀가 늘 바라고 상상하던 전문가로 성장한 자신의 이상적인 모습이었다. 이직을 결심을 하는데 오랜 시간이 들지 않았다. 아이들 또한 또다시 새로운 학교에 그것도 영어로 학습하는 환경에 적응해야 했다. 그러나 엄마의 도전하는 모습을 보는 보며 자란 아이들은 자연스럽게 변화를 받아들였다.

J는 엄마이자 워킹맘으로 분주하게 살고 있다. 그녀는 이제 IB 교사의

직무개발을 맡은 IB 공식 워크숍 리더가 되었다. 또한 공립학교와 국제학교의 경험을 살려 PYP 교육 관련 책 출간을 준비하고 있다. 경력이 단절된 엄마에서 계약직 교사로, 국제학교 행정 직원에서 국제학교 교사로, 그리고 교사를 가르치는 리더로 성장했다. 그녀는 익숙한 환경에 머물지 않고 늘 새로운 도전을 생각했다.

그녀는 대학생이 된 아들과 고2 딸을 두고 있다. 아이들은 한국의 공교육과 IB 교육을 경험하며 성장했다. IB 교육 전문가가 되어 자녀와 같은 학교를 다니고 자녀의 성장을 매일 확인하는 럭키맘이 되었다. 그녀의 인생은 IB 학습자상 중 늘 도전하는 사람(Risk- taker)으로서의 삶의 표본이었다.

교육가 존 듀이는 말했다.

"교육의 참된 목적은 각자가 평생 자기의 교육을 계속할 수 있게 하는데 있다."

J는 오늘도 자기 발전을 위한 노력을 게을리하지 않는다. 그녀는 꾸준히 노력하고 새로운 도전을 두려워하지 않고 늘 학습하는 자신의 모습을

자녀에게 보여준 것이, 자녀에게 비싼 학원과 과외를 제공한 것보다 나은 선택이었다고 믿는다. 앞으로 아이들이 살아갈 세상은 더욱 빨리 변하고 새로운 역량을 원할 것이다. 이러한 세상에 적응하는 바람직한 IB 세계 시민으로서 자녀가 성장하기를 바라는가? 그렇다면 바로 지금 부모로서 필요한 평생 학습은 무엇인가 생각해볼 차례다. 그리고 매일 작은 실천을 하는 것이 중요하다. IB 학습자로 살아가는 부모의 모습을 자녀가 보게 될 것이다. 부모는 자식의 거울이다.

After all, we are all learners!

결국에 우리 모두는 평생 배움을 놓지 않는 라이프롱 러너 아닌가?

IB PYP 초등 과정을 제공하는 학교 목록(2022.12월 현재)

- Branksome Hall Asia 제주
- British International Academy
- Chadwick International
- Daegu Dongduk Elementary School
- Daegu Dukin Elementary School
- Daegu Hyenpung Elementary School
- Daegu NamDong Elementary School
- Daegu Samyoung Elementary School
- Daegu Youngsun Elementary School
- Dwight School Seoul
- Gyeonggi Suwon International School
- Gyeongnam International Foreign School
- International School of Busan

- Korea Foreign School
- Kyungpook National University Elementary School
- Pyoseon Elementary School
- Seoul Foreign School
- Taejon Christian International School
- Tosan Elementary School

IB PYP 참고 자료 및 사이트

1. **https://www.ibo.org**

: IB 공식 홈페이지

프로그램에 대한 전반적인 안내와 최신 소식을 접할 수 있는 사이트이다. 프로페셔널 디벨롭먼트 페이지에서 간단한 연수를 들을 수 있다. IB 공식 학교 리스트도 접할 수 있다.

2. **https://www.ibo.org/programmes/primary-years-programme**

초등 과정에 대한 IB 정보 확인이 가능하다.

3. **https://blogs.ibo.org/blog/2020/04/08/learning-at-home-resources-for-pyp-parents-and-caregivers**

: 부모님들에게 도움이 될 공식 IB 블로그 정보

4. **IB 공식 소셜미디어 플랫폼**

: PYP에 대해 의견과 경험을 나누고 다른 부모님들과 소통할 수 있는 장이다.

https://twitter.com/ibpyp IB 트위터 공식 계정

https://www.facebook.com/IBO.org 페이스북 계정

https://blogs.ibo.org/sharingpyp IB 공식 블로그

5. **Inquiry(탐구)를 돕기 위한 참고 자료가 있는 웹사이트**

https://www.inspiringinquiry.com/home

https://thinkingpathwayz.weebly.com/educational-resources.html

https://www.kathmurdoch.com.au/new-page-2-1 케이트 머독 홈페이지

https://youtu.be/xlX32gB_e-w

https://youtu.be/zoxEguuxcf4 https://youtu.be/EA62Ic8p6b8

https://www.edutopia.org/practice/inquiry-based-learning-teacher-guided-student-driven

https://www.edutopia.org/video/inquiry-based-learning-teacher-guided-student-driven

6. 개념적 이해를 돕기 위한 참고 자료

https://www.youtube.com/watch?v=DUwKGv-mL3A 린 에릭슨

https://www.youtube.com/watch?v=h61VAJdSPbI&t=199s

7. 평가를 위한 참고 자료가 있는 사이트

https://www.cultofpedagogy.com/holistic-analytic-single-point-rubrics

: 이 자료를 바탕으로 평가를 계획할 수 있으며 전체적, 분석적, 단일 평가의 예를 보여준다.

http://www.pz.harvard.edu/thinking-routines

: 프로젝트 제로의 생각 루틴 도구. 학생들의 사고를 체계화하고 '가시화'하도록 돕는 자료들이 있다.

8. 학습자상과 관련한 도서 안내

: 토들 사이트는 교사와 학생뿐 아니라 학부모 또한 참고할 만한 많은 자료가 있다.

https://learn.toddleapp.com/blog_post/learner-profile-booklist-upper-primary-collection

https://learn.toddleapp.com/blog_post/learner-profile-booklist-lower-primary-collection

참고 문헌

언론기사

매일경제 스타 투데이 이슈팀, "다큐 3일 100세 시대의 새로운 화두", 2017.04.16.

김승원, 에듀진, "21세기 핵심 역량 '4C'", 2019.07.17.

박세인, 한국일보, "OECD 자살률 1위 '불명예' 여전", 2021.09.28.

고현경, 에듀진, "직장인 10명 중 4명, AI가 내 일자리 대체 위기감 느낀다!", 2022.04.29.

김대휘, 노컷뉴스 "표선고, 최초 공립 IB 월드스쿨 획득", 2021.11.24.

최형규, 중앙일보 "평등 · 획일화…한국 교육 미래와 정반대로 가", 홍콩 인터뷰 2007.9.20.

McWilliam, E. 2008, "The Creative Workforce", UNSW Press, Sydney, p.155.

장윤서, 중앙일보, "초등학생 희망 직업 3위 교사, 4위 유튜버, 1 · 2위는?", 2022.1.18.

김명섭, 교육뉴스, "새 교육과정 국가교육위원회로", 2022.12.06.

김재홍, 연합뉴스, "부산교육청 'IB 교육' 로드맵 마련…내년부터 본격 도입".2022.12.21

김수현, 김선형, 연합뉴스, 이주호, "IB 교육은 좋은 대안…확신 들면 전국 확산(종합)"2022.12.20.

교육부, 2022 개정 초중등학교 및 특수교육 교육과정 확정 발표 2022.12.22.

참고 자료

한용진, 『근대 이후 일본의 교육』, 2010, 28-30쪽

이혜정, 『IB를 말한다』, 2020, 69-84, 122, 137-145, 187-188, 191쪽

에리구치 칸도, 『왜 지금 국제 바칼로레아인가』, 2021, 23-25, 39쪽

후쿠타 세이지, 『국제 바칼로레아의 모든 것』, 2020, 235-238쪽

로베르타 골린코프 · 캐시 허시- 파섹, 『최고의 교육』,2021, 146, 213-216쪽

교육트렌드2022 집필팀, 『교육트렌드 2022』, 74-84쪽

김나윤, 강유경 『IB가 답이다』, 2020. 223-229쪽

조현영 『IB로 그리는 미래교육』,2022. 68~69쪽

곽덕주외 『미래교육, 교사가 디자인하다』2021. 57, 192-196쪽

https://www.ibo.org/benefits/comparing-ib-with-other-qualifications

http://www.ibo.org/programmes